W0257637

Klinische Anatomie diagnostischer und therapeutischer Eingriffe

von Peter Abrahams und Peter Webb

Übersetzt und bearbeitet von
Hans Loeweneck

Mit 96 Abbildungen

Springer-Verlag
Berlin Heidelberg New York 1978

Übersetzung aus dem englischen Originaltitel
Clinical Anatomy of Practical Procedures von P. Abrahams and P. Webb illustrated by J. Hardie erschienen bei Pitman Medical Publishing Co Ltd, Kent 1975.

Professor Dr. Hans Loeweneck
Abteilung für experimentelle Morphologie
Anatomische Anstalt der Universität München,
Pettenkoferstraße 11, D-8000 München 2

ISBN-13: 978-3-642-66849-4   e-ISBN-13: 978-3-642-66848-7
DOI: 10.1007/978-3-642-66848-7

Library of Congress Cataloging in Publication Data. Abrahams, Peter Herbert. Klinische Anatomie diagnostischer und therapeutischer Eingriffe. Translation of Clinical anatomy of practical procedures. Bibliography: p. 1. Medicine, Clinical. 2. Anatomy, Human. I. Webb, Peter John, joint author. II. Loeweneck, Hans. III. Title. [DNLM: 1. Anatomy. 2. Diagnosis. QS4 A159c]   RC48.A2615
616   77-26628

Satz: Fotosatz Gruber + Hueber, Regensburg

2127/3321-543210

Inhalt

Vorwort zur englischen Originalfassung

In dem vorliegenden Buch werden kleine medizinische Eingriffe beschrieben, die in der Diagnostik oder Notfalltherapie häufig angewendet werden. Bei geschickter Ausführung nehmen sie nur wenig Zeit in Anspruch, sind sie für den Patienten leicht erträglich und machen sie ihm auch Mut vor weiteren Eingriffen.

Voraussetzung für die meisterhafte Durchführung dieser Eingriffe ist unserer Ansicht nach die genaue Kenntnis klinisch wichtiger anatomischer Gegebenheiten. Deshalb haben wir in dem vorliegenden kurzen Buch die wichtigsten topographisch-anatomischen Strukturen in Wort und Bild ganz besonders hervorgehoben. Vielleicht kommt dies auch gerade dem heutigen Zeittrend entgegen, in dem der anatomische Unterricht in der medizinischen Ausbildung auffallend stark gekürzt wurde.

Das Buch ist für Medizinstudenten, Praktikanten und medizinisches Pflegepersonal gedacht, die bei den verschiedenen Eingriffen dabei sind oder viele von ihnen später selbst durchführen müssen. Es wurde deshalb auf die Beschreibung von solchen Eingriffen verzichtet, bei denen ein Spezialwissen und Spezialeinrichtungen notwendig sind (z.B. in der Strahlentherapie und Strahlendiagnostik).

Peter WEBB und Peter ABRAHAMS

Department of Anatomy
The Middlesex Hospital Medical School
University of London, 1974

Vorwort zur deutschen Übersetzung

Die neue Approbationsordnung für Ärzte hat es mit sich gebracht, daß ein zentrales vorklinisches Fach wie die Anatomie besonders drastisch beschnitten wurde. In nur mehr einem makroskopisch anatomischen Kurs, der zudem noch auf das zweite oder dritte Semester festgelegt ist, soll sich der Medizinstudent heute die gesamte Anatomie erarbeiten. Schriftliche Tests anstelle von präparatbezogenen mündlichen Prüfungen fördern zudem den Trend, die praktische Tätigkeit am Präparat zu Gunsten der Theorie zu vernachlässigen. Das führt dann zu dem Ergebnis, daß der junge Arzt seine topographisch-anatomischen Lücken in den ersten Assistenzjahren empirisch am Patienten schließen muß.

Das vorliegende Buch wendet sich an den jungen Mediziner, der mit Theorie beladen von der Hochschule kommt, aber schon bei kleinen diagnostischen Eingriffen in der Klinik vor manchem Problem steht. Aber auch medizinisch-technische Assistentinnen, Arzthelferinnen und Pflegepersonal, die dem Arzt bei so vielen technischen Eingriffen in der Klinik zur Seite stehen oder sie in eigener Verantwortung durchführen, sollen von dem kurzen Buch angesprochen werden.

Gegenüber dem englischen Original wurden in die deutsche Übersetzung zusätzlich viele Maßangaben eingeführt (Längenveränderungen von Organen bei Streckung, Kaliber von Gefäßen, Zugangstiefe zu Organen). Die Abbildungen 2a und b, 8, 13, 15, 22, 38, 41, 44, 50, 51, 53, 63, 71, 83, 92, 95 wurden erneuert. Im Text wurden nur die internationalen Nomina anatomica benutzt.

München, im Herbst 1977 Hans LOEWENECK

Nervensystem und Sinnesorgane

Suboccipitalpunktion und
Punktionen durch die vordere Fontanelle

Anatomie

Der Liquor cerebrospinalis wird von den Plexus chorioidei der vier Hirnventrikel,
vom Wandependym der Ventrikel und im Bereich des cerebralen Subarachnoidealraumes gebildet. Der in den beiden Seitenventrikeln gebildete Liquor gelangt über
das Foramen interventriculare in den dritten Ventrikel und von hier durch den
Aquaeductus cerebri (SYLVIUS) in den vierten Ventrikel. Der vierte Ventrikel steht
mit dem das Gehirn und das Rückenmark umgebenden Subarachnoidealraum
über die beiden Aperturae laterales (Foramina LUSCHKAE) und die unpaare Aper-
tura mediana (Foramen MAGENDI) in Verbindung.

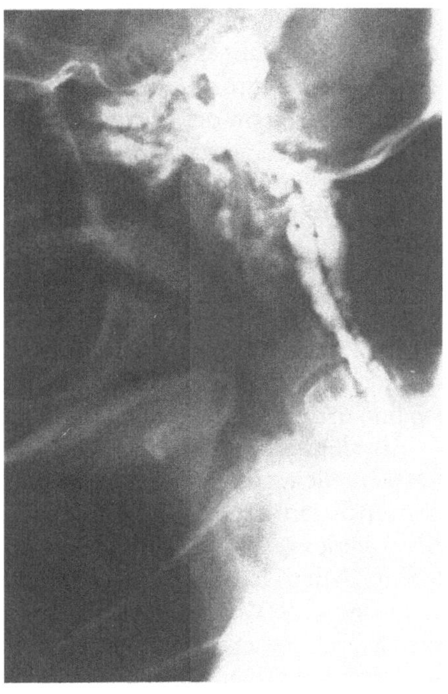

Abb. 1. Punktion der Cisterna cerebello-
medullaris. Darstellung der basalen Cisternen
und des Spinalkanales am Hals

An der konvexen Seite des Gehirns und an der Hirnbasis weitet sich der Subarachnoidealraum im Bereich von Furchen und Nischen aus und bildet Cisternen. Die klinisch wichtigste Cisterne ist die Cisterna cerebellomedullaris. Sie überbrückt den Raum zwischen der dorsalen Fläche der Medulla oblongata und dem hinteren und unteren Teil des Kleinhirns.

Die Resorption des Liquor cerebrospinalis erfolgt im Schädel im wesentlichen über die Arachnoidealzotten. Arachnoidealzotten sind mit Endothel überzogene, gefäßfreie, kugelige Aussackungen der Arachnoidea, die in die Dura mater eindringen und bis in die venösen Sinus reichen, besonders in den Sinus sagittalis superior und in den Sinus transversus. Der Sinus sagittalis superior ist ein venöser Blutleiter, der zwischen den beiden Großhirnhemisphären am Oberrand der Falx cerebri verläuft. Er reicht vorn von der Crista galli bis hinten zur Protuberantia occipitalis interna.

Suboccipitalpunktion

Der Patient sitzt oder wird in Seitenlage gelagert. Es empfiehlt sich, die Punktion beim Sitzenden vorzunehmen. Der Patient soll den Kopf beugen und das Kinn gegen das Manubrium sterni drücken. Der Hals soll als Ganzes nach dorsal gedrückt werden. Dadurch werden die Räume zwischen den Dornfortsätzen gespreizt, die Dura wird im Punktionsgebiet angespannt, die Cisterna cerebellomedullaris füllt sich optimal an und das Halsmark drängt sich an die Vorderseite des Wirbelkanals. Der Kopf des Patienten wird von einer Hilfskraft gehalten. Man sucht nun die Protuberantia occipitalis externa und den ersten palpablen Dornfortsatz an der Halswirbelsäule (2. Halswirbel, Axis) auf. Nach Desinfektion und lokaler Anaesthesie wird in der Medianen, in der Mitte zwischen den beiden Markierungspunkten mit der Punktionsnadel eingegangen. Die Nadel wird dabei in einer Richtung gehalten, die einer Ebene entspricht, die durch beide Gehörgänge und die Nasenwurzel verläuft. Auf ihrem Weg durchdringt die Punktionsnadel dann nacheinander: Haut, oberflächliches Blatt der Halsfascie, Ligamentum nuchae (die kraniale Fortsetzung des Lig. supraspinale und des Lig. interspinale). In etwa 3 cm Tiefe durchsticht man einen derben Widerstand, die Membrana atlantooccipitalis posterior. Danach werden der Plexus venosus vertebralis internus posterior und im Millimeter Abstand folgend, die Dura mater und die Arachnoidea durchbohrt, die Nadelspitze befindet sich nun in der 1–1½ cm tiefen Cisterna cerebello-medullaris.

Als Alternative kann der Ungeübtere auch so vorgehen, daß er von der gleichen Einstichstelle aus die Nadel zunächst schräg kranialwärts gegen das Os occipitale hin führt, an diesem dann caudalwärts entlanggleitet und zur Membrana atlanto-occipitalis posterior gelangt. Hat man diesen derben Widerstand durchstoßen, so gelangt man durch den Plexus venosus vertebralis internus posterior, darauf durch die Dura, die wiederum als Widerstand fühlbar ist und schließlich durch die Arachnoidea und befindet sich in der Cisterna cerebellomedullaris. Nach Entfernen des Mandrins aus der Punktionsnadel kann der Liquor entnommen werden.

4

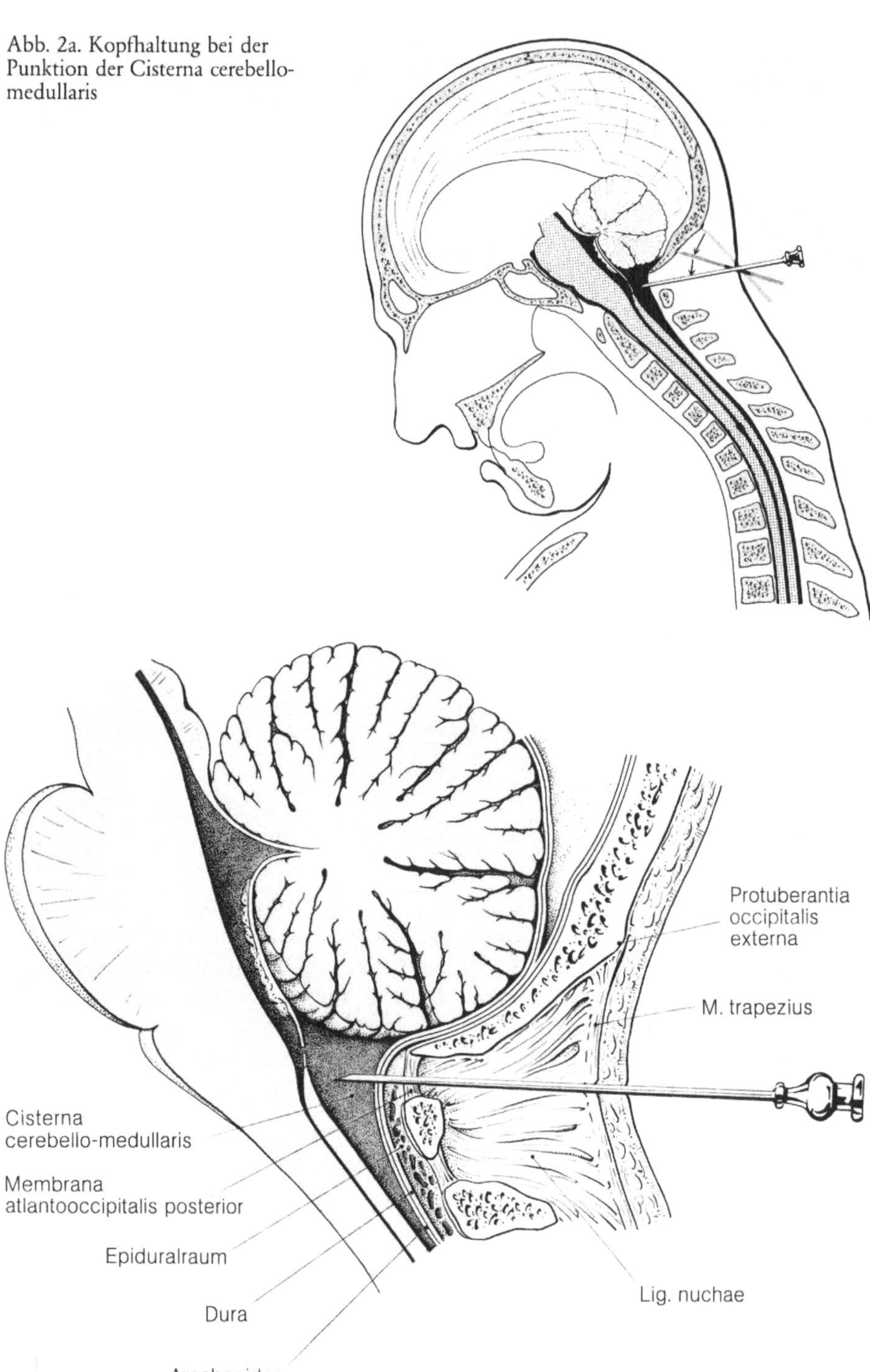

Abb. 2b. Zugangsweg zur Cisterna cerebello-medullaris

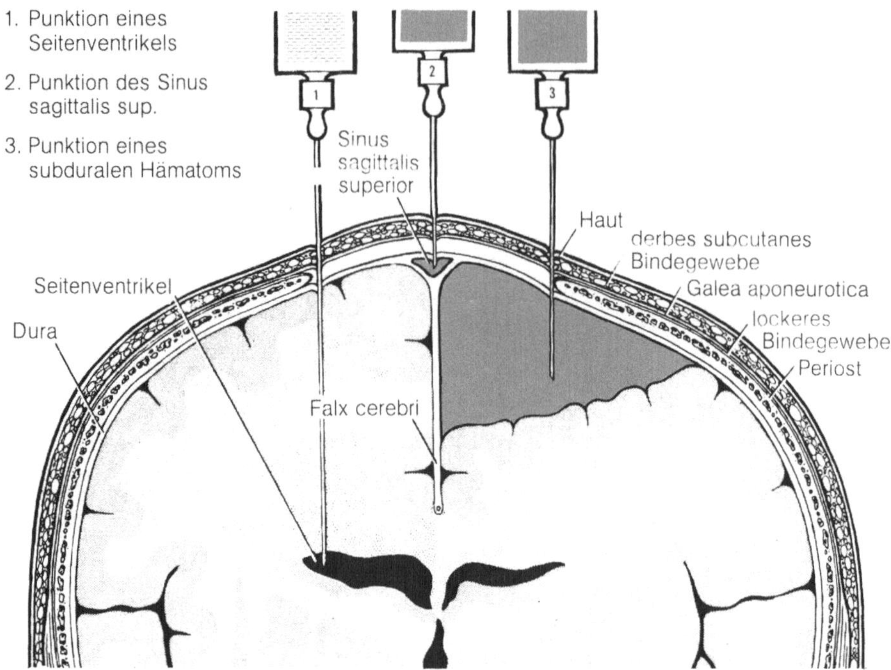

Abb. 3. Frontalschnitt durch den Schädel beim Kind mit Demonstration der Punktionen durch die vordere Fontanelle

Punktion eines subduralen Hämatoms beim Kind

Beim Vorliegen eines subduralen Hämatoms wird der Subduralraum punktiert. Bei Kindern, bei denen die vordere Fontanelle zwischen Os frontale und Os parietale noch nicht verschlossen ist, kann der Pädiater hier leicht zum Subduralraum vordringen. Nach Hautdesinfektion und Hautanaesthesie wird die Punktionsnadel am lateralen Rand der vorderen Fontanelle, zwischen Os frontale und Os parietale senkrecht eingestochen. Auf ihrem Weg zum Subduralraum dringt sie durch Haut, Subcutis, dann durch die Aponeurosenanlage des M. occipitofrontalis, darauf durchs Periost und schließlich durch die Dura in den Subduralraum.

Punktion des Sinus sagittalis superior beim Neugeborenen

Die V. frontalis wird beim Säugling gern für Blutentnahmen genommen. Oft ist es beim Säugling jedoch schwierig eine Vene zu punktieren. Da bietet sich eine Punktion des Sinus sagittalis superior geradezu an. Die Puktionskanüle wird hierfür am Mittelpunkt der vorderen Fontanelle eingestochen und vorsichtig vorgeschoben, da der Sinus sagittalis superior (etwa 3 mm Durchmesser) nur wenige Millimeter unter der Haut liegt.

6

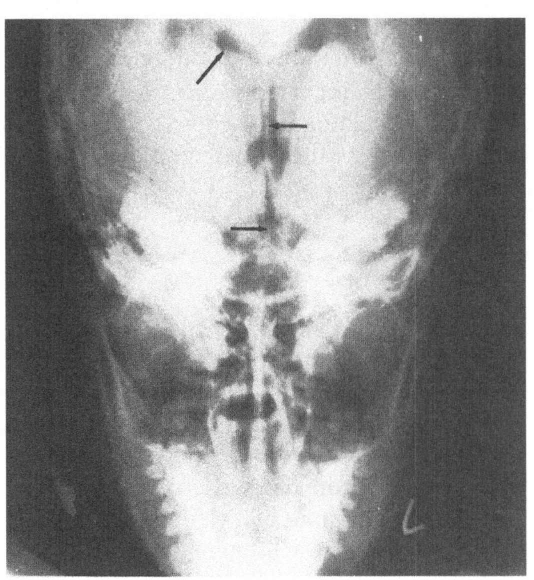
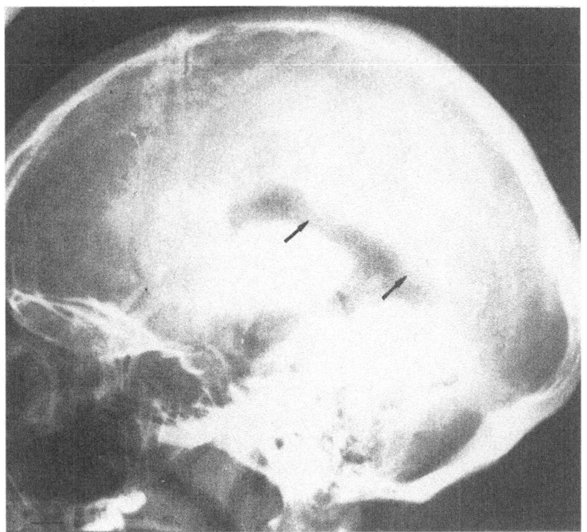

Abb. 4 und 5. Luftencephalogramm mit Darstellung der 4 Hirnventrikel. (↗) Seitenventrikel, (←) 3. Ventrikel, (→) 4. Ventrikel

Punktion der Seitenventrikel

Durch die noch offene vordere Fontanelle kann man beim Kind auch die Seitenventrikel punktieren. Beim Erwachsenen ist es dazu notwendig, an dieser Stelle durch die Schädelkalotte ein Loch zu bohren. Die Punktionskanüle wird am lateralen Rand der vorderen Fontanelle eingestochen. Will man das Vorderhorn der Seitenventrikel erreichen, so soll die Kanüle in Richtung auf den inneren Augenwinkel zu vordringen. Den zentralen Bereich der Seitenventrikel erreicht man, wenn die Kanüle genau senkrecht vorgeschoben wird. Wenn die derben Außenschichten des Punktionsweges durchbohrt sind, benutzt man eine abgestumpfte Kanüle, damit möglichst wenig Hirnsubstanz verletzt wird. Aus dem gleichen Grund wird die Punktionsnadel auch so wenig wie möglich bewegt. Der Ventrikel wird erst in einer Einstichtiefe von etwa 5 cm erreicht, eher bei einer Ventrikeldilatation.

Wichtig

1. Kontraindikationen für Punktionen der Cisterna cerebello-medullaris sind entwicklungsgeschichtliche Abnormitäten des Kleinhirns, wie etwa die ARNOLD-CHIARI Mißbildung oder die Spina bifida.
2. Bei der Punktion der Cisterna cerebello-medullaris darf wegen Gefährdung wichtiger Zentren in der Medulla die Kanüle nicht zu tief eindringen (Tiefe der Cisterna beim Erwachsenen bis etwa 1,5 cm).
3. Die Punktion der Cisterna cerebello-medullaris muß genau in der Medianen sagittal durchgeführt werden, da 1,5 cm weiter lateral die A. vertebralis verläuft.
4. Der Kopf muß für die Suboccipitalpunktion maximal nach ventral geneigt sein.
5. Bei der Punktion der Seitenventrikel muß jede überflüssige Bewegung der Punktionsnadel vermieden werden.

Augenuntersuchung

Anatomie

Der Augapfel hat eine kugelige Gestalt mit einem Durchmesser von 2,5 cm. Er liegt geschützt in der knöchern abgegrenzten Orbita und wird von Augenmuskeln und Orbitalfett abgepolstert. Von vorn wird der Augapfel durch die Augenlider geschützt, die nach innen zu an die Conjunctiva grenzen. Die Conjunctiva ist mit dem Cornearand verwachsen. Über einen oberen und unteren Umschlag setzt sich die Conjunctiva auf die Innenseite der Augenlider fort. Dadurch wird ein oberer und unterer Bindehautsack gebildet.

Die Tränendrüse liegt kranial und lateral in der Orbita, ihre Gänge münden in den oberen Bindehautsack ein. Sie ist für die Sekretion der Tränenflüssigkeit verantwortlich, die durch die Bewegung der Augenlider über die Cornea nach medial und caudal verteilt wird.

Die Tränenflüssigkeit wird von den zwei Tränenkanälchen (Canales lacrimales superior und inferior) an den beiden Papillae lacrimales aufgenommen. Diese befinden sich 2–3 mm lateral des medialen Augenwinkels. Die Tränenkanälchen

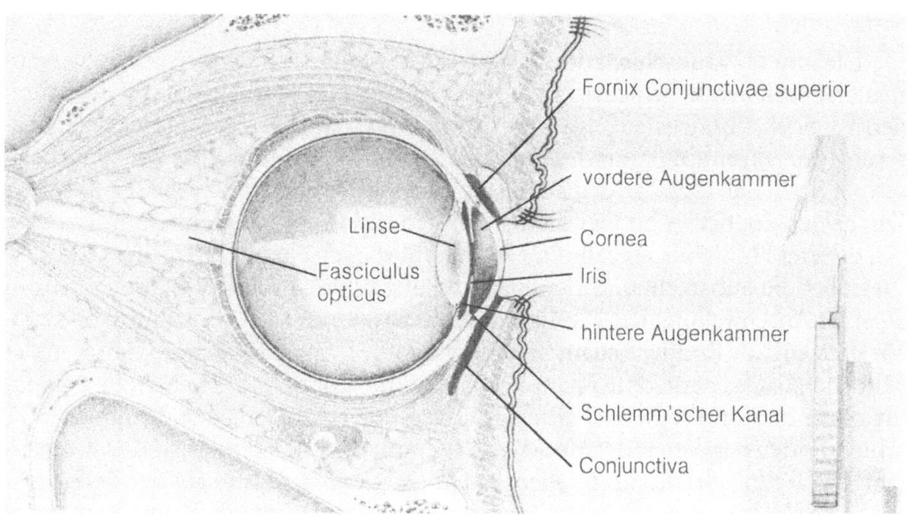

Abb. 6. Sagittalschnitt durch die Orbita

sind zu Beginn leicht nach dorsal gekrümmt, sodaß sie mit ihren Öffnungen in den das Auge bedeckenden Tränenfilm eintauchen können. Die Tränenflüssigkeit sammelt sich dann im Saccus lacrimalis und fließt von hier durch den Ductus nasolacrimalis zum unteren Nasengang ab.

Die Cornea macht etwa ein Sechstel der Oberfläche des Augapfels aus. Sie ist stärker konvex gekrümmt als die Sklera, die die restlichen fünf Sechstel umfaßt. Die Cornea ist durchscheinend, nicht vascularisiert und für die Lichtbrechung am Auge besonders wichtig. Die Sklera dagegen ist eine dichte, undurchsichtige Wandschicht.

Im Bereich der Übergangszone von Cornea auf Sklera befindet sich der mit Endothel ausgekleidete SCHLEMM'SCHE Kanal, der die wässrige Flüssigkeit aus der vorderen Augenkammer in die Blutbahn drainiert. Der SCHLEMM'SCHE Kanal ist so angelegt, daß bei Menschen mit schmaler vorderer Augenkammer eine länger andauernde Pupillenerweiterung zu einer Abflußstörung führen muß.

Die mittlere Wandschicht des Augapfels – eine durchgehende gefäßführende Lage – besteht aus Chorioidea, Ciliarkörper und Iris. Der Ciliarkörper hat eine doppelte Aufgabe: Er produziert die wässrige Flüssigkeit für die Augenkammern und er dient zur Verankerung für das Aufhängeband (Fibrae zonulares) der Linse. Die Iris ist eine pigmentierte, verstellbare Blende, die vor der Linse liegt und die Pupille formt. Durch die Iris wird die Augenkammer zwischen Linse und Cornea in eine vordere Augenkammer (zwischen Iris und Cornea) und eine hintere Augenkammer (zwischen Iris und Linse) getrennt. In der Iris befindet sich eine cirkulär angeordnete Muskelschicht (M. sphincter pupillae), die für die Verengung der Pupille verantwortlich ist. Eine radiär zur Pupille angeordnete weitere Muskelschicht (M. dilator pupillae) kann die Pupille wieder weit stellen. Der M. sphincter pupillae wird von parasympathischen Fasern, die den N. oculomotorius begleiten und über das Ganglion ciliare verlaufen, innerviert. Der M. dilatator pupillae wird über sympathische Nervenfasern aus T1 und T2 nervös versorgt, die vom Ganglion cervicale superius herkommen.

Die innere Wandschicht des Augapfels heißt Retina. Ihre innerste, aus Nervenmaterial bestehende Schicht (Pars optica retinae) baut den nach dorsal abführenden Fasciculus opticus auf. Im Ophthalmoskop, das eine etwa 12fache Vergrösserung des Augenhintergrundes bietet, erscheint die Sammelstelle der Opticusfasern in der nasalen Hälfte der Retina als eine blaßweißliche Scheibe (Papilla oder Discus nervi optici = blinder Fleck). Der Fasciculus opticus wird von Aussackungen der drei Hirnhäute eingehüllt. Deshalb führt auch ein intrakranieller Druckanstieg über die Subarachnoidealraumaussackung um den Fasciculus opticus herum zu einer Anschwellung der Papilla nervi optici. Dies ist im Ophthalmoskop sichtbar und wird als Papillenoedem bezeichnet. Die A. centralis retinae kommt in der Mitte des Discus nervi optici zum Vorschein und teilt sich in gleich große Äste für die obere und untere Retinahälfte auf. Jeder dieser Äste teilt sich darauf abwechselnd in einen nasalen und temporalen Seitenast. Dadurch erfolgt die Gefäßversorgung der Retina gleichsam in Quadranten. Der venöse Abfluß aus der Retina verläuft parallel zur arteriellen Versorgung. Die Venen münden in die V. centralis retinae.

10

Abb. 7. Rechter Augenhintergrund
durch das Ophthalmoskop gesehen

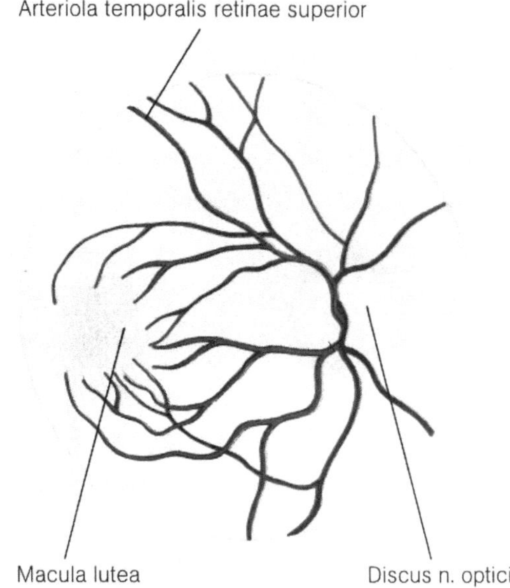

Das Retinaareal schärfsten Sehens (bestes Auflösungsvermögen) wird als Macula lutea bezeichnet. Die Macula lutea ist im Ophthalmoskop als blasse elliptische Scheibe erkennbar, ohne große Gefäße und liegt etwa zwei Discusdurchmesser lateral vom Discus nervi optici. Die Oberfläche der Macula lutea ist jedoch durch viele Kapillaren stark vaskularisiert. Das läßt sich besonders gut am Augenhintergrund von Albinos beobachten. Die zentrale Vertiefung in der Macula lutea wird als Fovea centralis bezeichnet.

Entfernen von Fremdkörpern

Kleine Staub-, Glas-, Metall- oder andere Fremdkörperteilchen sind häufig Ursachen für eine Corneareizung oder eine Konjunctivitis. Sie finden sich bevorzugt in der Cornea aber noch häufiger unter dem Oberlid. Eine Corneaverletzung kann durch Einträufeln weniger Tropfen Fluorescein sichtbar gemacht werden. Der Verlust von Corneaepithel wird dann als helle grünliche Zone um den Fremdkörper herum sichtbar. Oberflächlich liegende Corneafremdkörper können nach Anaesthesierung des Auges mit einem Baumwollstäbchen abgewischt werden. Tiefer eingedrungene Corneafremdkörper müssen unter mikroskopischer Kontrolle mit einer scharfen Nadel entfernt werden. Will man einen Fremdkörper im Fornix conjunctivae superior aufsuchen, so muß man das Oberlid über einen dünnen Glasstab kippen. Nun läßt sich der Fremdkörper leicht mit einem Baumwollstäbchen entfernen. Fremdkörper, die in die Cornea tief eingedrungen sind oder diese gar durchdrungen haben, sind Sache des Augenarztes.

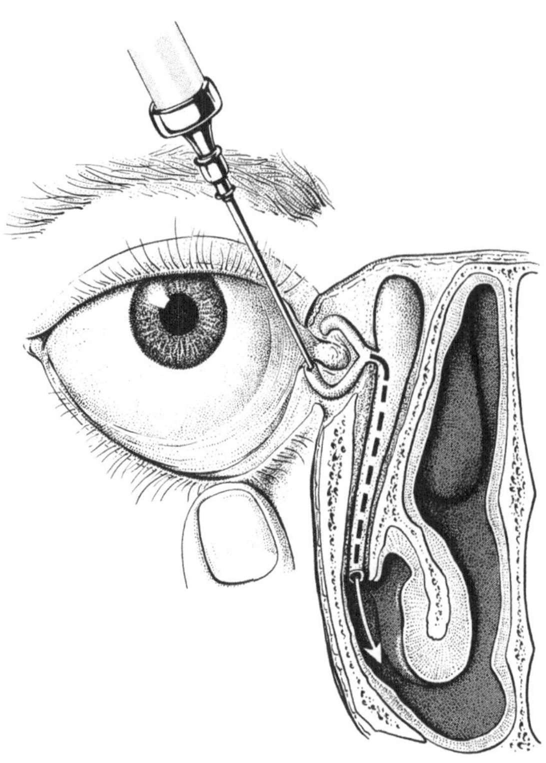

Durchspülen der Tränengänge

Der Abfluß der Tränenflüssigkeit kann an jeder Stelle im Verlauf des ableitenden Gangsystems gestört sein. Der Schweregrad der Verstopfung kann durch sanftes Spülen mit körperwarmer physiologischer Kochsalzlösung bestimmt und die Beschwerden gelindert werden. Eine dünne Tränengangskanüle muß dazu ins Punctum lacrimae eingeführt werden. Die erfolgreiche Spülung ist an einer »laufenden Nase« erkennbar und daran, daß dem Patienten die Spülflüssigkeit in den Nasopharyngealraum läuft.

Ophthalmoskopie

Mit Hilfe der Ophthalmoskopie werden die lichtbrechenden Medien des Auges durchleuchtet und können Befunde an Cornea, Linse und Glaskörper und an der Netzhaut erhoben werden. Diese Untersuchungsmethode läßt aber auch über die direkte Betrachtung der Retinagefäße Rückschlüsse auf generelle Erkrankungen des Gefäßsystems zu. Viele Erkrankungen des ZNS lassen sich ebenfalls am Augenhintergrund erkennen.

Fällt das Licht schräg auf die gesunde Cornea, gibt es einen hellen glänzenden Schein – den Cornealichtreflex. Er ist bei Erkrankungen verändert, bei denen die Cornea mitbeteiligt ist. Den Pupillenreflex prüft man anschließend mit einem kurzen Lichtstrahl, den man direkt auf die Retina richtet. Dabei erfolgt die rasche Kontraktion des M. sphincter pupillae und darauf seine Erschlaffung. Läßt man den Lichtstrahl aus dem Ophthalmoskop aus einer Entfernung von etwa 30 cm auf das Auge des Patienten fallen, so erhält man bei weiter Pupille einen typischen »roten Reflex«. Er beruht auf dem von der Chorioidea (Aderhaut) reflektierten Lichtstrahl und zeigt an, daß das Licht ungehindert die Netzhaut erreichen kann. Bei grauem Star, intraokulärer Blutung und bei einer Netzhautablösung fehlt er.

Will man die rechte Retina eines Patienten untersuchen, so muß man das Ophthalmoskop mit der rechten Hand so nah wie möglich an sein rechtes Auge halten, vom Patientenauge soll man nicht weiter als 5 cm entfernt sein. Man kann nun den Gefäßverlauf und den Augenhintergrund studieren.

Oft ist es zusätzlich notwendig, die Pupille mit einem kurzwirkenden Mydriaticum zu erweitern, um einen besseren Überblick über den Augenhintergrund zu bekommen. Am Ende der Untersuchung sollte man dann aber auch einen Tropfen des entsprechenden Gegenmittels, wie etwa Pilocarpin 2-3% oder Eserin 0,25% in den unteren Bindehautsack applizieren.

Wichtig

1. In den Bindehautsäcken können Fremdkörper verborgen sein. Deshalb muß man bei der Suche nach Augenfremdkörpern auch immer unter das Oberlid sehen.
2. In der Hetze der Untersuchung Cornealichtreflex und »roten Netzhautreflex« nicht vergessen.
3. Am Ende der Augenuntersuchung einen Tropfen Pilocarpin 2-3% oder Eserin 0,25% in den unteren Bindehautsack geben, um die Pupille wieder zu verengen. Man beugt damit auch dem seltenen Fall vor, einen akuten Glaukomanfall zu provozieren.
4. Das anaesthesierte Auge unbedingt mit einem Augenschutz abdecken, sonst werden erneut Fremdkörper eingefangen, eventuell mehr, als vor der Untersuchung vorhanden waren.

Untersuchung und Spülung des äußeren Gehörganges

Anatomie

Das äußere Ohr besteht aus der Ohrmuschel und dem äußeren Gehörgang und reicht bis zum Trommelfell.

Der elastische Muschelknorpel bildet das Skelet der Ohrmuschel. Der Ohrknorpel wird auf der Vorderseite, mitsamt den hier vorliegenden kleinen Muskeln, von der Haut straff überzogen.

Der Muschelknorpel setzt sich kontinuierlich in den elastischen Knorpel des lateralen Gehörgangdrittels fort. Die medialen zwei Drittel des beim Erwachsenen etwa 2,4 cm langen äußeren Gehörganges sind knöchern und gehören zum Os temporale. Beim Säugling sind auch diese medialen zwei Drittel mit Ausnahme des Gehörgangdaches aus Knorpel aufgebaut. Der äußere Gehörgang ist mit Haut ausgekleidet. Im Bereich des knöchernen Gehörgangabschnittes liegt sie dem Knochen unmittelbar an, im knorpeligen Teil ist sie jedoch von einer Subcutis unterfüttert.

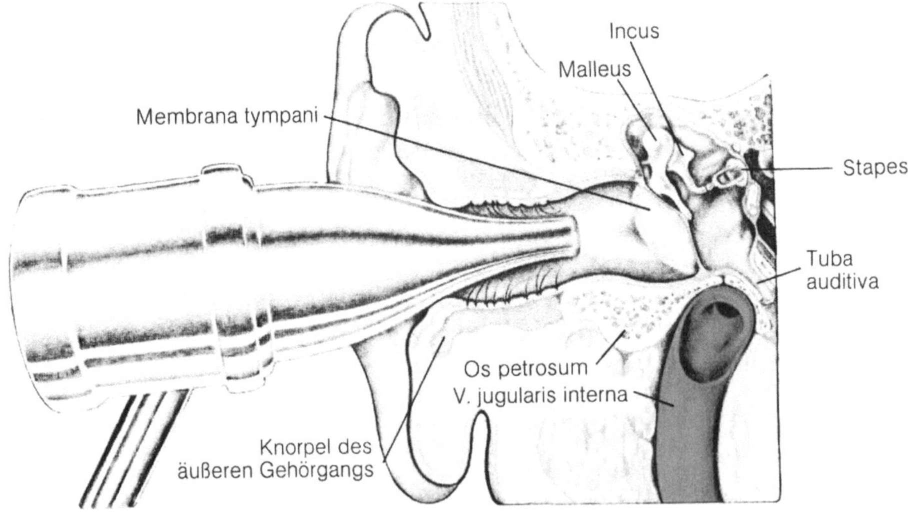

Abb. 9. Frontalschnitt durch den äußeren Gehörgang und das Mittelohr

In ihr sind zahlreiche Drüsen verstreut, die für die Sekretion des Ohrschmalzes verantwortlich sind. Hier finden sich auch Haarfollikel und Talgdrüsen, die sich zu schmerzhaften Furunkeln entzünden können.

Der äußere Gehörgang ist S-förmig gekrümmt und kann beim Erwachsenen durch Zug nach oben und hinten am Ohr gestreckt werden. Beim Kind ist es für diesen Zweck günstiger, das Ohr nach hinten und unten zu ziehen. Die Membrana tympani (Trommelfell) schließt den äußeren Gehörgang nach medial zu ab und trennt diesen vom Mittelohr mit seinen Gehörknöchelchen. Das Trommelfell ist eine rundliche, elliptische Scheibe, deren Durchmesser von hinten oben nach vorn unten 1−1,1 cm und in der senkrechten darauf 0,9 cm beträgt. Die Trommelfellebene ist nach vorne und unten geneigt und bildet daher mit dem Boden des äußeren Gehörganges einen spitzen Winkel. Es scheint deshalb so, als ob das Trommelfell die kontinuierliche Fortsetzung der oberen und hinteren Wand des äußeren Gehörganges ist. Beim Neugeborenen liegt das Trommelfell fast horizontal.

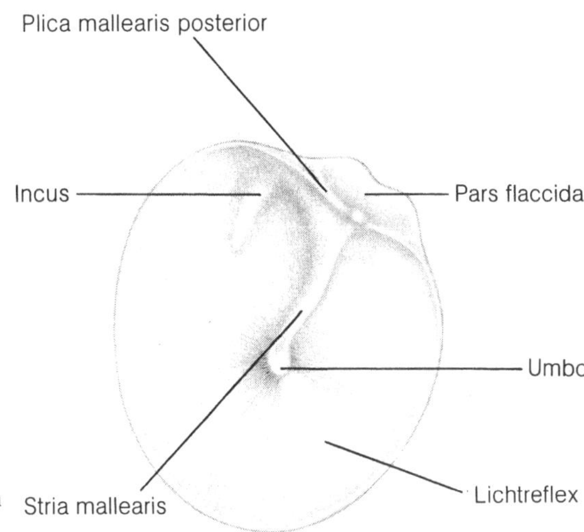

Abb. 10. Rechtes Trommelfell durch das Othoskop gesehen

Bei der Betrachtung durch das Otoskop erscheint das Trommelfell durch einen Parallaxeeffekt oval. Die Membrana tympani sieht dabei glänzend und halbdurchsichtig aus. Der Griffelfortsatz des Malleus (Hammer), der ihr von innen anliegt, ist erkennbar. Gelegentlich ist auch der Incus (Amboß) als Schatten sichtbar. Durch den lateralen Fortsatz des Hammers werden am Trommelfell Falten aufgeworfen, die einen schlaffen Anteil (Pars flaccida) vom ansonsten straff gespannten Trommelfell (Pars densa) abgrenzen. Durch den Griffelfortsatz des Hammers wirkt die Pars densa nach innen eingezogen, ist also konkav. Man nennt diese Eindellung Umbo membranae tympani (Nabel des Trommelfells). Von ihm geht bei der Untersuchung mit dem Otoskop ein Lichtkegelreflex in den vorderen und unteren Teil der Pars densa.

Die Nervenversorgung des äußeren Gehörganges erfolgt über den N. auriculotemporalis aus dem 3. Ast des N. trigeminus, den N. auricularis magnus aus dem Plexus cervicalis und über den R. auricularis des N. vagus. Das Trommelfell wird von Ästen des R. auricularis Ni. vagi, aus dem Plexus pharyngeus und über den Plexus tympanicus innerviert.

Technik der Ohrspülung

Zur Inspektion des äußeren Gehörganges und des Trommelfells wird ein Otoskop benutzt. Der Spiegel muß dabei vorsichtig eingesetzt werden, da der äußere Gehörgang auf Druck und Temperatur sehr empfindlich reagiert. Die Sicht auf das Trommelfell ist öfters durch einen Ohrschmalzpfropf verlegt. Der Pfropf kann hart und unbeweglich werden und zu Schwerhörigkeit führen. Soll er entfernt werden, ist es zunächst notwendig, den Pfropf aufzuweichen. Erst danach kann der äußere Gehörgang mit der Spülung gesäubert werden. Die körperwarme Flüssigkeit wird dabei in den äußeren Bereich des Gehörganges sanft eingespritzt, da ja ohne direkte Sicht vorgegangen werden muß. Der Wasserstrahl soll dann schräg am Dach des Gehörganges entlang geleitet werden. So wird der direkte Druck auf das Trommelfell gering gehalten und man erzielt eine Strömung, die den Ohrschmalzpfropf ausspült.

Wichtig

1. Besondere Vorsicht bei der instrumentellen Untersuchung des Ohres bei Säuglingen und Kindern. Die Gefahr von Trommelfellverletzungen ist besonders groß, da bei Kleinkindern der äußere Gehörgang kurz und größtenteils noch knorpelig ist.
2. Ein Druckreiz auf den äußeren Gehörgang oder auf das Trommelfell kann über die Vagus- und Glossopharyngeusäste zu Brechreiz, Niesen oder Hustenreiz führen.
3. Vor jeder Gehörgangsspülung unbedingt das Trommelfell inspizieren, wegen Kontraindikation bei vorhandener Trommelfellperforation.
4. Die Spülflüssigkeit soll Körpertemperatur haben, da sonst Nystagmus und Brechreiz hervorgerufen werden (Temperaturveränderungen im Ohr führen zu veränderten Strömungsverhältnissen im Labyrinth).

Technik der Lumbalpunktion

Anatomie

Das Längenwachstum der Wirbelsäule übertrifft das des Rückenmarks. Daher endet beim Erwachsenen das Rückenmark schon in Höhe des 1. bis 2. Lumbalwirbels, während beim Neugeborenen das Rückenmark noch bis zur Höhe des 3. Lumbalwirbels reicht. Das Rückenmark wird von den Meningen Dura, Arachnoidea und Pia umhüllt. Dura und Arachnoidea kleiden den Wirbelkanal aus und reichen bis in Höhe des 2. Sacralwirbels herab. Die Pia geht vom Rückenmark auf das 1 mm starke Filum terminale über. Dieses läuft durch den Subarachnoidealraum, durchbohrt das Ende des Dura- und Arachnoidealsackes in Höhe des 2. Sacralwirbels und endet im Periost des Os coccygis, in das es auch einstrahlt.

Der Subarachnoidealraum – der Liquorraum – ist im Bereich des Rückenmarks relativ schmal, weit jedoch caudal des 1. Lumbalwirbels. Hier befinden sich im Subarachnoidealraum neben dem Liquor nur mehr das Filum terminale und die langen Rückenmarkswurzeln (Cauda equina) für die lumbalen und sacralen Segmente. Dieser Liquorraum (Cisterna lumbalis) wird daher für diagnostische und therapeutische Zwecke zur Punktion von Liquor cerebrospinalis genutzt, da Verletzungen des Rückenmarks im Bereich der Cisterna lumbalis nicht vorkommen können.

Lumbalpunktion

Für die Lumbalpunktion kann der Patient sitzen oder – was häufiger geschieht – in linker Seitenlage gelagert werden. Der Rumpf soll so gut wie möglich gebeugt, und das Kinn auf die hochgezogenen Knie gestützt werden. So werden die Abstände zwischen den benachbarten Dornfortsätzen der Lumbalwirbel vergrößert. Eine Seitkrümmung der LWS kann man vermeiden, wenn man den Patienten möglichst nah an die Bettkante lagert. Nun wird die Einstichstelle bestimmt. Die Verbindungslinie zwischen den palpierbaren höchsten Punkten der Cristae iliacae trifft in Höhe von L_4 oder L_4 auf L_5 auf die Longitudinale durch die Wirbelsäule. An dieser Stelle, oder schon weiter oben zwischen L_3 und L_4, wird die Lumbalpunktion durchgeführt. Nach Desinfektion und Anaesthesie wird die Punktionsnadel in der Mitte zwischen den tastbaren Dornfortsätzen von L_3 und L_4 genau in der Medianen in sagittaler Richtung auf den Nabel zu eingestochen.

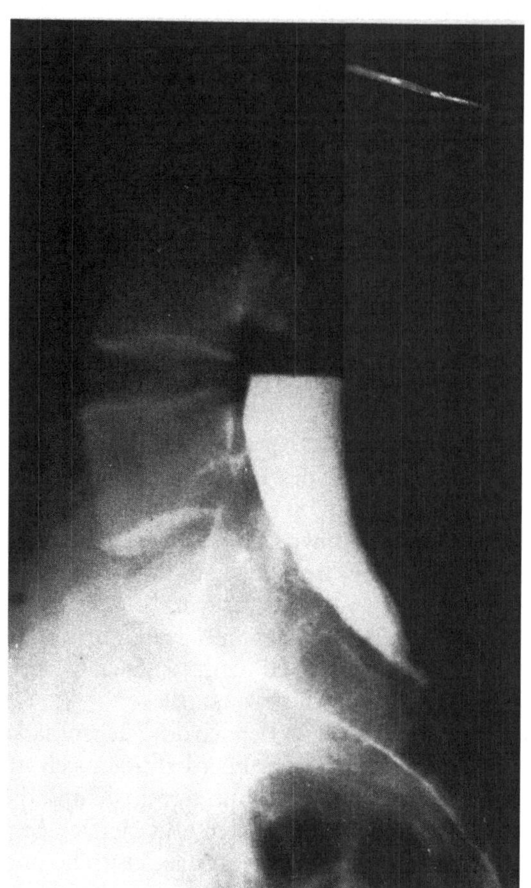

Abb. 11. Seitliche Aufnahme der Lendenwirbelsäule mit Myodilfüllung des terminalen Subarachnoidealraumes, der bei S2 endet. Punktionsnadel bei L2–L3

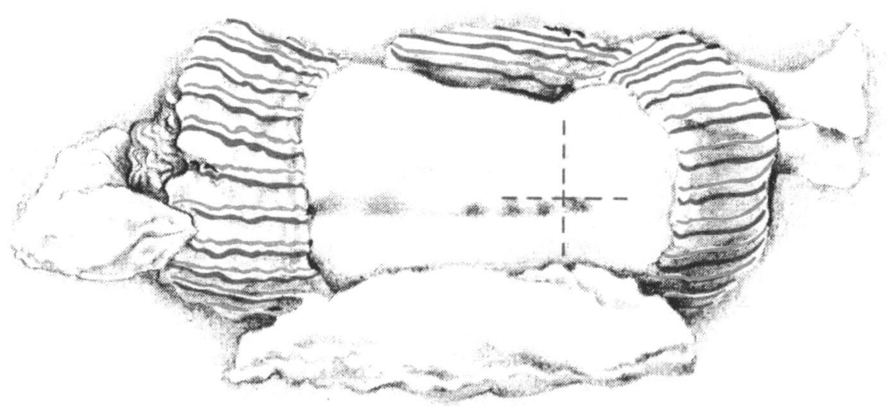

Abb. 12. Haltung bei der Lumbalpunktion

18

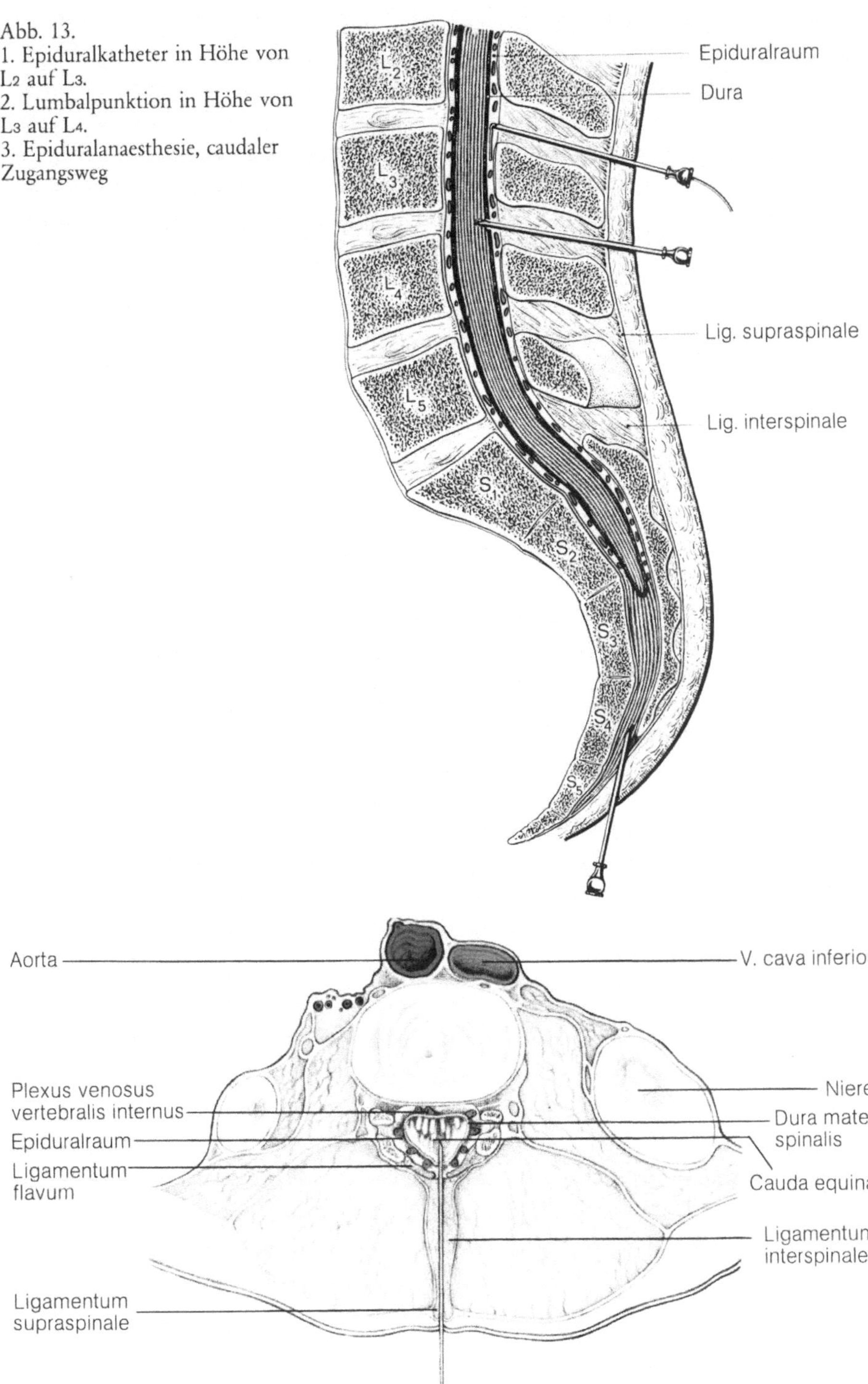

Abb. 14. Horizontalschnitt in Höhe des 3. Discus intervertebralis lumbalis

Die Ligg. supraspinale und interspinale, auf die die Punktionsnadel zunächst trifft, werden so durchstochen und nicht zerrissen. Bleibt man genau in der Medianen, so geben die »Bandplatten« des Lig. interspinale eine gute Führung. Weicht man jedoch von der Medianen etwas ab, so ist eine gute Nadelführung nicht mehr möglich, die Punktionsnadel verbiegt sich dann häufig. Die Kanüle trifft der Reihe nach auf folgende Strukturen: Haut, Subcutis, Lig. supraspinale, Lig. interspinale und, falls die Nadel nicht genau in der Medianen liegt, auf das Lig. flavum (erneut ungewollte Richtungsänderung der Nadel möglich). Dieses Band wird als deutlicher Widerstand gespürt. Die Punktionsnadel dringt danach durch den Epiduralraum mit seinem Plexus venosus vertebralis posterior, darauf durch die deutlich als Widerstand spürbare Dura und schließlich durch die Arachnoidea und ist jetzt im Subarachnoidealraum, in der Cisterna lumbalis, angelangt.

Spinalanaesthesie

Bei der Spinalanaesthesie wird ein Lokalanaesthetikum in den Epidural- oder Subarachnoidealraum injiziert. Der Zugangsweg zum Subarachnoidealraum entspricht dem bei der Lumbalpunktion. Der Patient kann sitzen oder in linker Seitenlage gelagert werden, je nachdem wo die Anaesthesie erwünscht wird.

Bei der Epiduralanaesthesie sind zwei Zugangswege möglich und üblich: Beim ersten wird, wie bei der Lumbalpunktion mit der Kanüle zwischen L 3 und L 4 eingegangen, die Nadel jedoch nur bis zum Epiduralraum vorgeschoben, die Dura also nicht mehr durchstochen. Die Nadelspitze liegt gerade unter dem Lig. flavum im Epiduralraum. Ein dünner Katheter kann durch die Kanüle zum Epiduralraum vorgeschoben werden, der von Venenplexus und Fett gefüllt ist und durch den die von Meningen umkleideten Wurzeln der Spinalnerven verlaufen.

Ein zweiter Zugangsweg zum lumbalen Epiduralraum ist von caudal durch den Hiatus sacralis her möglich. Bei dieser Methode wird die Kanüle durch das Lig. sacrococcygeum eingestochen, dringt durch den Hiatus sacralis ein und befindet sich dann im sacralen Epiduralraum zwischen den Wurzeln der sacralen Spinalnerven und dem Filum terminale.

Wichtig

1. Die Punktionen müssen genau in der Medianen und mit horizontal gehaltener Nadel durchgeführt werden. In der medianen Sagittalebene bleiben!
2. Der Liquor cerebrospinalis kann zunächst durch etwas Blut aus dem Venenplexus an der Dorsalseite des Wirbelkanals getrübt sein, besonders dann, wenn der erste
3. Punktionsversuch ohne Erfolg war.
   Eine Verletzung einer dorsalen Spinalnervenwurzel aus der Cauda equina führt zu einem blitzartig einschießenden Schmerz ins Bein.

Herz- und Gefäßsystem

Äußere Herzmassage

Anatomie

Der Thorax wird dorsal von den Brustwirbeln, lateral von den Rippen und Intercostalräumen und ventral vom Sternum und den Rippenknorpeln begrenzt. Das Sternum ähnelt der Form eines Schwertes und besteht aus drei Teilen, die beim Erwachsenen zunächst noch knorpelig, später aber knöchern verbunden sind: Manubrium, Corpus und Proc. xiphoideus. Das Manubrium steht gegen das Corpus sterni zu nach dorsal abgewinkelt (Angulus sterni) und ist relativ fest verankert, da es mit dem Schlüsselbein gelenkig und mit der ersten Rippe knorpelig in Verbindung steht. Der Knorpel der zweiten Rippe erreicht das Sternum in Höhe des Angulus sterni. Mit dem Corpus sterni stehen die zweite bis siebente Rippe gelenkig in Verbindung. Als Proc. xiphoideus wird das meist bis ins hohe Alter knorpelige caudale Ende des Brustbeines bezeichnet. Dieser »Schwertfortsatz« liegt im Epigastrium und dient der Linea alba und Teilen des M. rectus abdominis als Ursprung.

Hinter dem Brustbein und den benachbarten Rippenanteilen, im Mediastinum, befinden sich das Herz und die herznahen großen Gefäße. Das Herz wird von einer fibrösen Hülle, dem Pericard (Außenwand des Herzbeutels), umgeben. Der Herzbeutel stellt einen fibro-serösen Sack dar, der aus einem visceralen und einem parietalen Anteil besteht.

Der viscerale Teil, das Epicard, ist fest mit der Herzoberfläche verwachsen. Die Umschlagstellen ins parietale Blatt (Pericard) befinden sich an den herznahen großen Gefäßen. Aorta und Truncus pulmonalis verlaufen etwa 3 cm innerhalb des Herzbeutels. Daher besteht die Gefahr der Herzbeuteltamponade bei herznaher Aortenruptur. Die Herzbeutelwand ist außen von einer Tunica fibrosa überzogen, einer derben, fibrösen Schicht, die der weiter innen gelagerten Serosa, dem parietalen Blatt des Pericards, aufgelagert ist. Die Serosa sondert einen Flüssigkeitsfilm in den Herzbeutel ab. Fixiert wird das Pericard nach oben zu an der Adventitia der Aorta, des Truncus pulmonalis und der V. cava superior. Unten ist der Herzbeutel mit dem Centrum tendineum des Zwerchfells fest verwachsen und mit der Adventitia der V. cava inferior verklebt. Nach vorne zu ist das Pericard an der Rückwand des Sternums durch die Ligg. sterno-pericardiaca befestigt. Sie sind für die stabile Lage des Herzens im Thorax mitverantwortlich. Auf der Dorsalseite ist der Herzbeutel an der Adventitia der 4 Vv. pulmonales verankert.

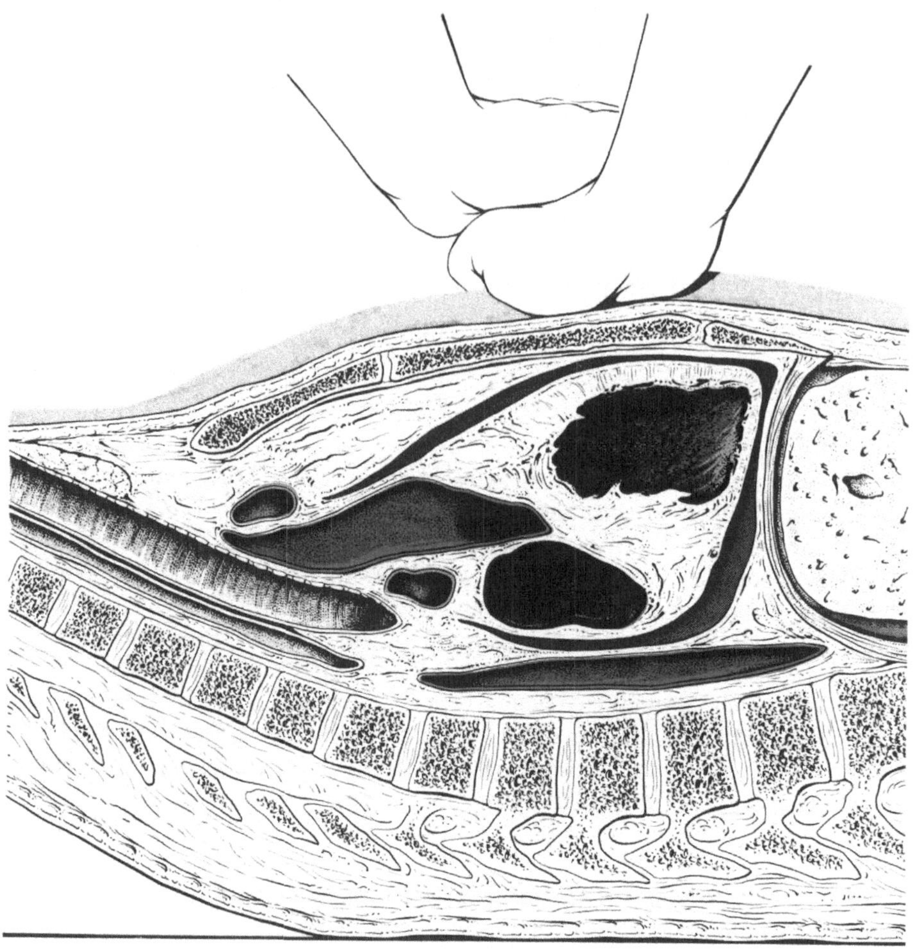

Abb. 15. Sagittalschnitt durch den Thorax. Demonstration der äußeren Herzmassage

Bis auf ein kleines Gebiet zwischen dem 4. und 5. linken Rippenknorpel wird der Hauptteil der Pericardvorderwand von Lungen und Pleura bedeckt. Dorsal des Herzbeutels verlaufen die Stammbronchien, die Speiseröhre und die Aorta descendens. Nach lateral zu grenzt die Pleura mediastinalis an den Herzbeutel. Zwischen ihr und der Oberfläche des Herzbeutels verläuft beidseits der N. phrenicus.

Da das Herz vom Pericard eng umhüllt wird, kann man die Herzkontur auf der Pericardoberfläche deutlich erkennen. Diese verändert sich bei Lageverschiebungen des Herzens, ist bei den verschiedenen Konstitutionstypen unterschiedlich und verschiebt sich atemsynchron und während der Herzaktion. Als Herzgrenzen gelten folgende Linien: Die rechte Herzgrenze reicht in einer leicht konvexen Krümmung vom Rippenknorpel der 3. rechten Rippe (1,5 cm parasternal) bis zur Sternalinsertion des 6. rechten Rippenknorpels herab. Dies entspricht auch der lateralen Begrenzung des rechten Vorhofes. Die linke Herzgrenze verläuft leicht

24

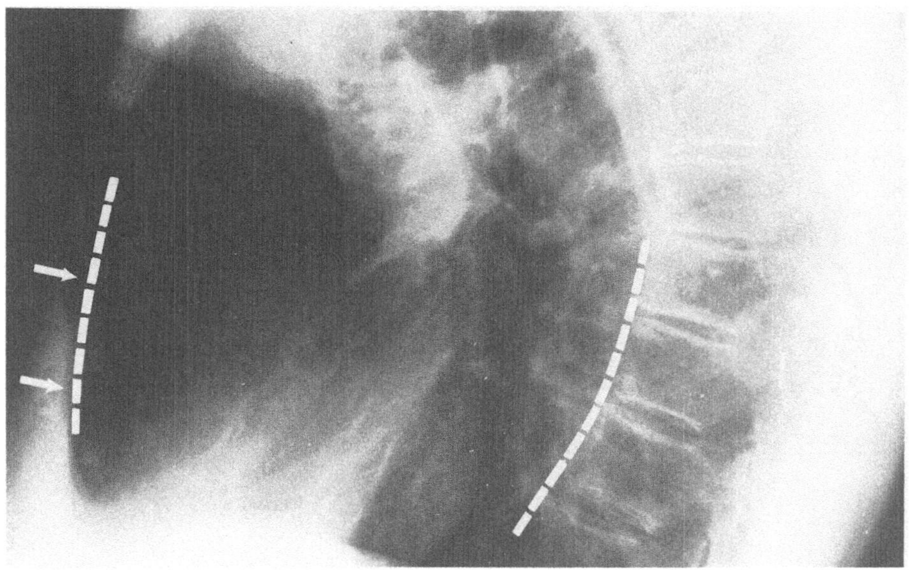

Abb. 16. Seitliche Röntgenaufnahme des Thorax. Die gestrichelten Linien markieren den Kompressionsbereich

konkav vom Rippenknorpel der 2. linken Rippe (etwa 1,5 cm parasternal) bis zum 5. linken Intercostalraum, etwa 9 cm von der Körpermedianen entfernt, nahe der Medioclavicularlinie. Die linke Kontur entspricht hauptsächlich dem linken Ventrikel und nur im oberen Teil einem kleinen Abschnitt des linken Herzohres. Die untere Herzgrenze ist gering konkav. Sie verläuft von rechts parasternal in Höhe der 6. Rippeninsertion leicht schräg abwärts zur linken Medioclavicularlinie im 5. Intercostalraum. Die untere Herzgrenze geht dabei unmittelbar am Oberrand des Proc. xiphoideus vorbei.

Technik der äußeren Herzmassage

Bei einem Herzstillstand wird der Patient sofort auf eine flache, harte Unterlage gelegt. Man versucht zunächst durch mehrmaliges kräftiges Schlagen gegen den unteren Sternalbereich das Herz wieder in Gang zu setzen, was auch vereinzelt gelingt. War dies erfolglos, muß sofort neben künstlicher Beatmung mit der äußeren Herzmassage begonnen werden. In Kliniken wird der Patient dazu üblicherweise vom Arzt oder Anaesthesisten intubiert. Im Notfall reicht aber auch die Mund-zu-Mund-Beatmung oder ein Beatmungsbeutel aus, bis der Fachspezialist zur Stelle ist.

Bei der äußeren Herzmassage legt der Helfer die linke Handfläche auf das untere Sternaldrittel, die rechte Hand wird auf die linke gelegt. Nun komprimiert er rhythmisch bei gestrecktem Ellbogen, unter Ausnutzung eines Teils seines Körpergewichts (20–30 kg), den Thorax des Patienten. Dadurch wird das Sternum des

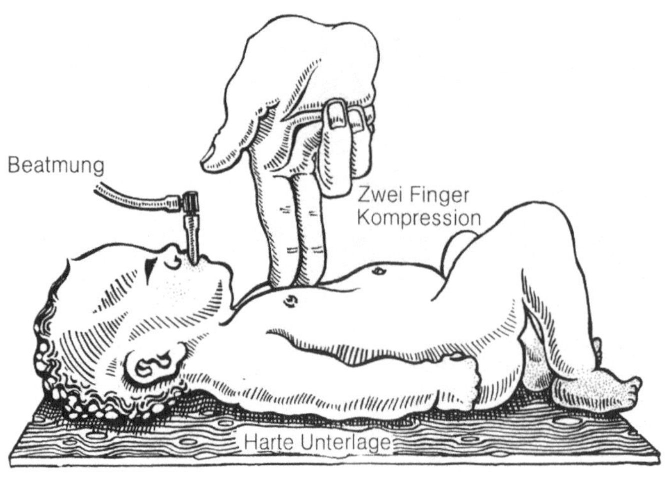

Erwachsenen jedesmal etwa 3–4 cm tief wie ein Pumpenschwengel auf das Herz gedrückt, und dieses so zwischen Sternum und Wirbelsäule »ausgepreßt«. Am Ende jeder Kompression sollte man die Hände kurz vom Thorax hochnehmen, um so eine vollständige Thoraxerweiterung zu ermöglichen. Es sollten etwa 60 Herzkompressionen pro Minute durchgeführt und nach jeder sechsten beatmet werden (Herzkompression : Atemspende = 6 : 1). Die äußere Herzmassage mit gleichzeitiger Beatmung ist sehr anstrengend. Trotz der Pumpwirkung des Sternums auf den Thoraxinhalt ist die durch die äußere Herzmassage erzielte Lungenbelüftung nur minimal.

Bei Kindern und Säuglingen reicht es aus, die äußere Herzmassage mit einer Hand oder auch nur mit zwei Fingern durchzuführen. Entsprechend der höheren Schlagfrequenz des Herzens bei kleinen Kindern, muß in diesem Fall die Frequenz der Kompressionen auf 100 pro Minute erhöht werden.

Wichtig

1. Nicht den oberen Sternalbereich (Manubrium und oberes Corpusdrittel) komprimieren. Die Herzventrikel liegen dorsal des unteren Sternalabschnittes.
2. Rippen können bei zu kräftigen Wiederbelebungsversuchen gebrochen werden. Ein Pneumothorax kann auftreten.
3. Besonders bei Kindern können durch zu gewaltsame Wiederbelebungsversuche Leber-, Milz- aber auch Herzverletzungen auftreten.
4. Bei einem Herzriß ist durch die aufgetretene Herzbeuteltamponade die Wirksamkeit der äußeren Herzmassage sehr gering.

Punktion des Herzbeutels

Anatomie

Das Herz und die herznahen Abschnitte der großen Gefäße werden von einem fibro-serösen Sack, dem Pericard (Herzbeutel), eingehüllt. Im oberen Bereich ist das Pericard mit der Adventitia der Aorta, des Truncus pulmonalis und der V. cava superior verklebt, unten ist es mit dem Centrum tendineum des Zwerchfells und der V. cava inferior verwachsen. Vorn ist der Herzbeutel über die Ligg. sternopericardiaca mit der Rückwand des Sternum verbunden, wodurch indirekt das Herz im Mediastinum verankert wird. Auf der Rückseite ist der Herzbeutel an der Adventitia der Vv. pulmonales angeheftet.

Zwischen Thoraxwand und Herzbeutel schiebt sich die Pleurahöhle mit den Lungen. Nur ein kleines Areal auf der Vorderseite des Herzbeutels in Höhe des 4. und 5. linken Rippenknorpels liegt der Thoraxwand unmittelbar an. Auf der Dorsalseite grenzt der Herzbeutel an die Stammbronchi, den Oesophagus und die Aorta descendens. Nach lateral zu steht der Herzbeutel mit der Pleura mediastinalis in enger Nachbarschaft. Dazwischen verlaufen beidseits der N. phrenicus mit den Vasa pericardiacophrenica.

An den herznahen großen Gefäßen schlägt sich der seröse Anteil des Pericards in das die Oberfläche des Herzens überziehende und mit ihm und den Gefäßabgängen fest verwachsene Epicard um. Die Situation entspricht etwa den Verhältnissen bei der Pleura und der Lunge. Zwischen dem parietalen und visceralen serösen Blatt des Herzbeutels befindet sich ein Spaltraum, der beim Gesunden mit einem geringen Flüssigkeitsfilm ausgefüllt ist. Bei einigen Erkrankungen ist jedoch vermehrt Flüssigkeit vorhanden.

Da das Herz vom Pericard eng umschlossen wird, kann man die Konturen des Herzens an der Pericardoberfläche deutlich erkennen. Die Herzkonfiguration ändert sich bei Lageverschiebungen, sie ist bei den unterschiedlichen Konstitutionstypen verschieden, und sie verändert sich atemsynchron und während der Herzaktionen. Als Herzgrenzen gelten folgende auf die Thoraxwand projizierte Linien: Die rechte Herzgrenze verläuft in einer leicht konvexen Krümmung 1,5 cm rechts parasternal vom Rippenknorpel der 3. zur 6. rechten Rippe herab. Dies entspricht dem lateralen Rand des rechten Vorhofes. Die linke Herzgrenze verläuft leicht konkav vom Rippenknorpel der 2. linken Rippe, etwa 1,5 cm vom Sternum entfernt, bis zum 5. linken Intercostalraum, etwa 9 cm von der Körpermedianen ent-

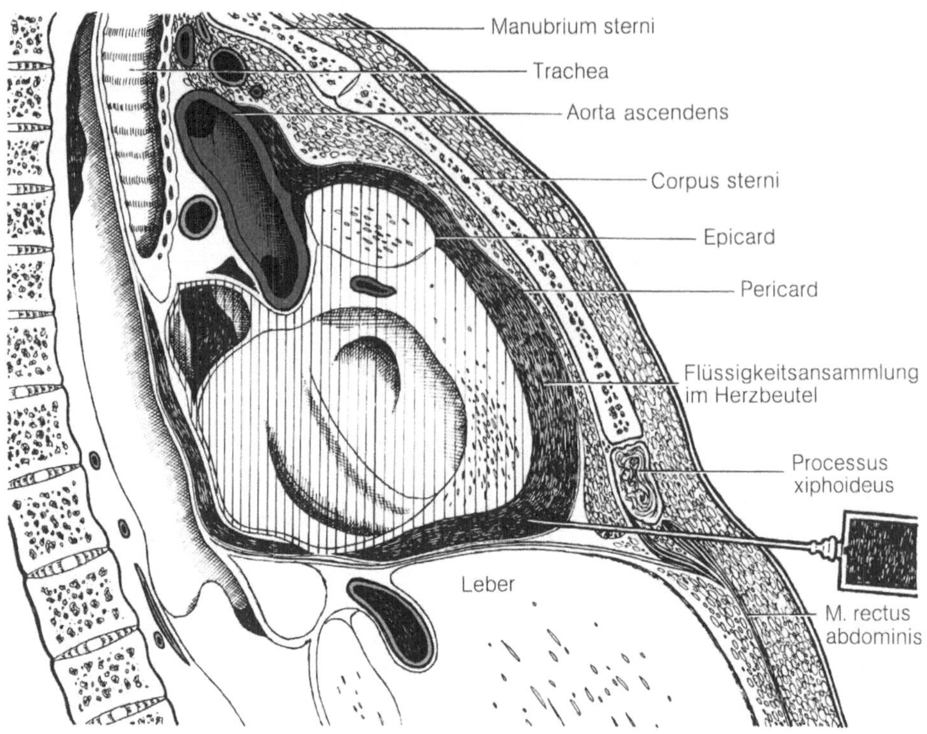

Abb. 18. Sagittalschnitt durch den Thorax. Punktion des Herzbeutels

fernt und nahe der linken Medioclavicularlinie. Die linke Herzkontur entspricht hauptsächlich dem linken Ventrikel und im oberen Bereich einem Teil des linken Herzohres. Die untere Herzgrenze ist gering konkav. Sie verläuft hinter dem Übergang vom Sternum auf den Proc. xiphoideus, von rechts parasternal leicht schräg abwärts nach links und entspricht im wesentlichen der caudalen Grenze des rechten Ventrikels.

Die Projektion des Herzbeutels auf die Thoraxwand entspricht an den Seiten und am Boden in etwa den Herzgrenzen. Nach kranial zu ist der Herzbeutel jedoch entlang der Aorta und des Truncus pulmonalis etwa 3 cm tief ausgesackt.

Technik der Herzbeutelpunktion

Der Patient wird im Bett mit Kissen so abgestützt, daß er in eine schräge, halbsitzende Lage gebracht wird. Der Erguß senkt sich dadurch im Herzbeutel nach unten. Der Chirurg steht an der linken Seite des Patienten. Es gibt verschiedene Zugangswege für die Herzbeutelpunktion. Nur einer sollte jedoch Verwendung finden, da bei ihm das Risiko am geringsten ist: die Punktion vom Epigastrium her.

Nach einer örtlichen Betäubung wird mit einer Hohlnadel, die an einer Spritze angeschlossen ist, im Winkel zwischen der siebenten linken Rippe und dem Ober-

28

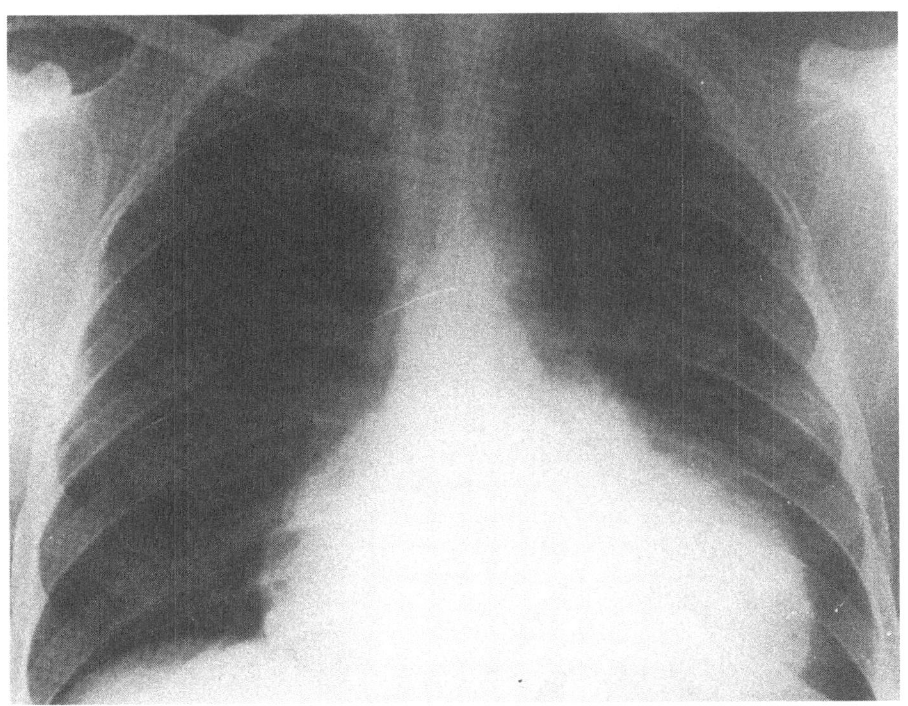

Abb. 19. Ausgedehnte Flüssigkeitsansammlung im Herzbeutel, ein großes Herz vortäuschend

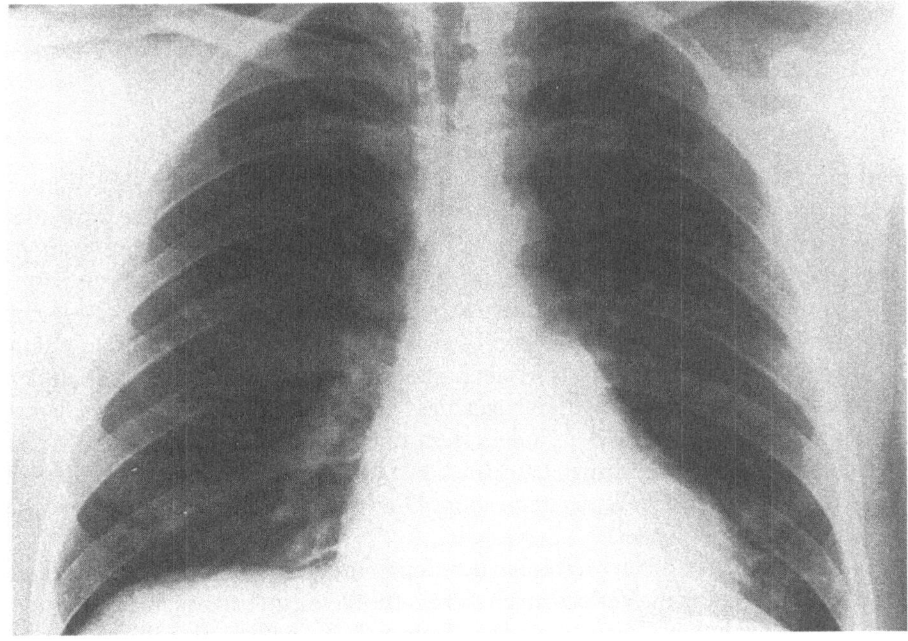

Abb. 20. Normal großes Herz nach Punktion des Herzbeutels

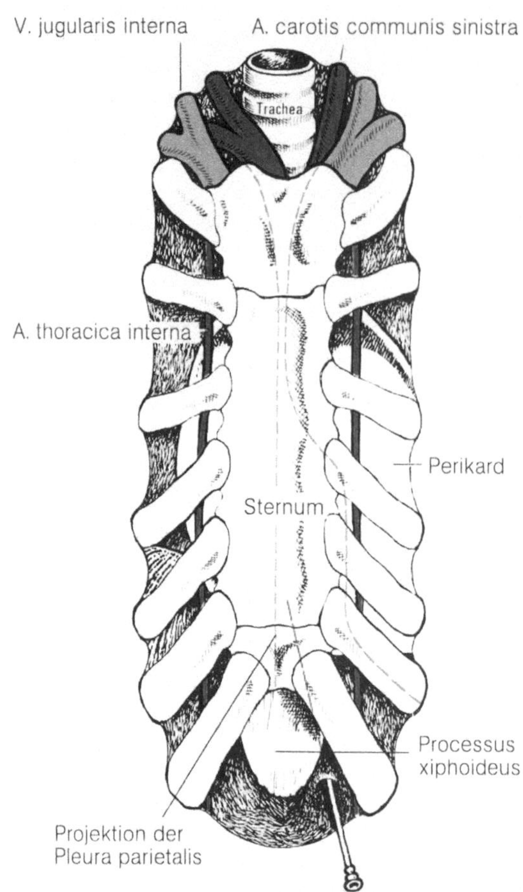

Abb. 21. Epigastrischer Zugang zum Herzbeutel

rand des Proc. xiphoideus eingegangen. Die Nadel dringt etwa im 45° Winkel schräg nach oben und dorsalwärts gegen den Herzbeutel vor. Man sollte die Nadel dabei leicht nach medial richten, um die Vasa epigastrica superiora (beim Erwachsenen etwa 1,5 mm Durchmesser) zu umgehen, die zwischen dem M. rectus abdominis und dem dorsalen Blatt der Rectusscheide verlaufen. Auf ihrem etwa 4–6 cm langen Weg zum Herzbeutel durchstößt die Nadel: Haut, Subcutis, vorderes Blatt der linken Rectusscheide, linken M. rectus abdominis, dann das hintere Blatt der Rectusscheide, das hier von Muskelzügen des M. transversus abdominis durchsetzt ist. Bei richtiger Schräglage der Nadel gleitet diese oberhalb der Pars sternalis des Zwerchfells entlang und dringt dann in den Herzbeutel ein, dessen fibroseröse Wand man als deutlichen Widerstand spürt. Die Aspiration mit der Spritze beweist die richtige Lage der Nadel.

Bei den beiden anderen Methoden der Herzbeutelpunktion besteht die Gefahr, daß Pleuraverletzungen, Verletzungen der A. thoracica interna oder des R. interventricularis der linken Coronararterie vorkommen. Sie sollten deshalb vermieden werden. Der Vollständigkeit halber werden sie hier nur kurz angedeutet: Bei der ersten befindet sich die Einstichstelle in Höhe des linken 5. oder 6. Intercostalraumes im Bereich der Medioclavicularlinie, knapp lateral der Herzspitze. Die zweite nutzt den schmalen, pleurafreien Zugangsweg zum Herzbeutel aus, wo dessen linke Vorderseite unmittelbar der Thoraxwand anliegt (4. und 5. Rippenknorpel links parasternal). In unmittelbarer Nachbarschaft dieser letzten Punktionsstelle 10–15 mm parasternal (in seltenen Fällen aber auch schon 6 mm neben dem Sternalrand) verläuft die beim gesunden Erwachsenen etwa 3 mm starke A. thoracica interna.

Wichtig

1. Die Punktion des Herzbeutels möglichst nur vom Epigastrium her ausführen.
2. Eine zu forsch ausgeführte Herzbeutelpunktion kann zur Verletzung von Herzgefäßen führen. Ein Hämopericard und ein Infarkt könnten die Folge sein.
3. Wird die Punktionsnadel am linken costo-xiphoidalen Winkel nicht in der richtigen Schräglage (45° nach kranio-dorsal) vorgeschoben, sondern zu steil, so kann die Peritonealhöhle und hier besonders der linke Leberlappen verletzt werden.

Arterienpunktionen

Anatomie

Die A. axillaris beginnt am lateralen Rand der ersten Rippe als Fortsetzung der A. subclavia. Sie endet am Unterrand des M. teres maior, hier wird sie zur A. brachialis.

Die A. brachialis verläuft zunächst medial am Oberarm im Sulcus bicipitalis medialis, verwindet sich dann jedoch nach vorn vor den M. brachialis und verläuft zwischen den Humeruscondylen vor dem Ellbogengelenk. Ihr Puls ist im gesamten Verlauf zu fühlen, da sie oberflächlich liegt und nur von Haut, Subcutis, Fascia brachii und der Gefäßnervenscheide bedeckt ist. In Oberarmmitte überkreuzt der N. medianus gewöhnlich von lateral nach medial die A. brachialis. In der Fossa cubiti überlagert die Aponeurose des M. biceps brachii (Lacertus fibrosus) die A. brachialis von lateral nach medial und trennt sie von der weiter oberflächlich liegenden V. mediana cubiti.

Von der Arteria brachialis zweigen in der Fossa cubiti die A. radialis und, in Höhe des tiefen Kopfes des M. pronator teres, die A. interossea communis und die A. ulnaris ab. Im Bereich des proximalen Handgelenkes kann man genau lateral der Sehne des M. flexor carpi radialis den Puls der A. radialis fühlen. Die A. ulnaris verläuft hier zwischen den Sehnen des M. flexor carpi ulnaris und des M. flexor digitorum superficialis. Ihr Puls kann, besonders bei dorsal flektierter Hand, unmittelbar lateral und proximal des Os pisiforme, nahe der Basis des Kleinfingerballens, palpiert werden.

Die A. femoralis ist die Hauptschlagader des Beines und beginnt als Fortsetzung der A. iliaca externa unter dem Lig. inguinale. Ihr Puls läßt sich am Pecten ossis pubis, in der Mitte zwischen Spina iliaca anterior superior und Symphyse tasten. A. und V. femoralis verlaufen unter dem Leistenband durch die Lacuna vasorum, die sich einem Handschuhfinger ähnlich zum Oberschenkel hin in die Fossa iliopectinea fortsetzt. Die Dorsalwand der Lacuna vasorum wird von der Fascie des M. iliacus, die Vorderwand von der Fascia transversalis und weiter distal von der Fascia lata gebildet. Die Lacuna vasorum wird in drei Fächer unterteilt: im lateralen verläuft die A. femoralis, das mittlere wird von der V. femoralis ausgefüllt und im medialen, von den Chirurgen als Canalis femoralis bezeichnet, treten Lymphgefäße durch. Hier befindet sich auch der ROSENMÜLLER'sche Lymphknoten.

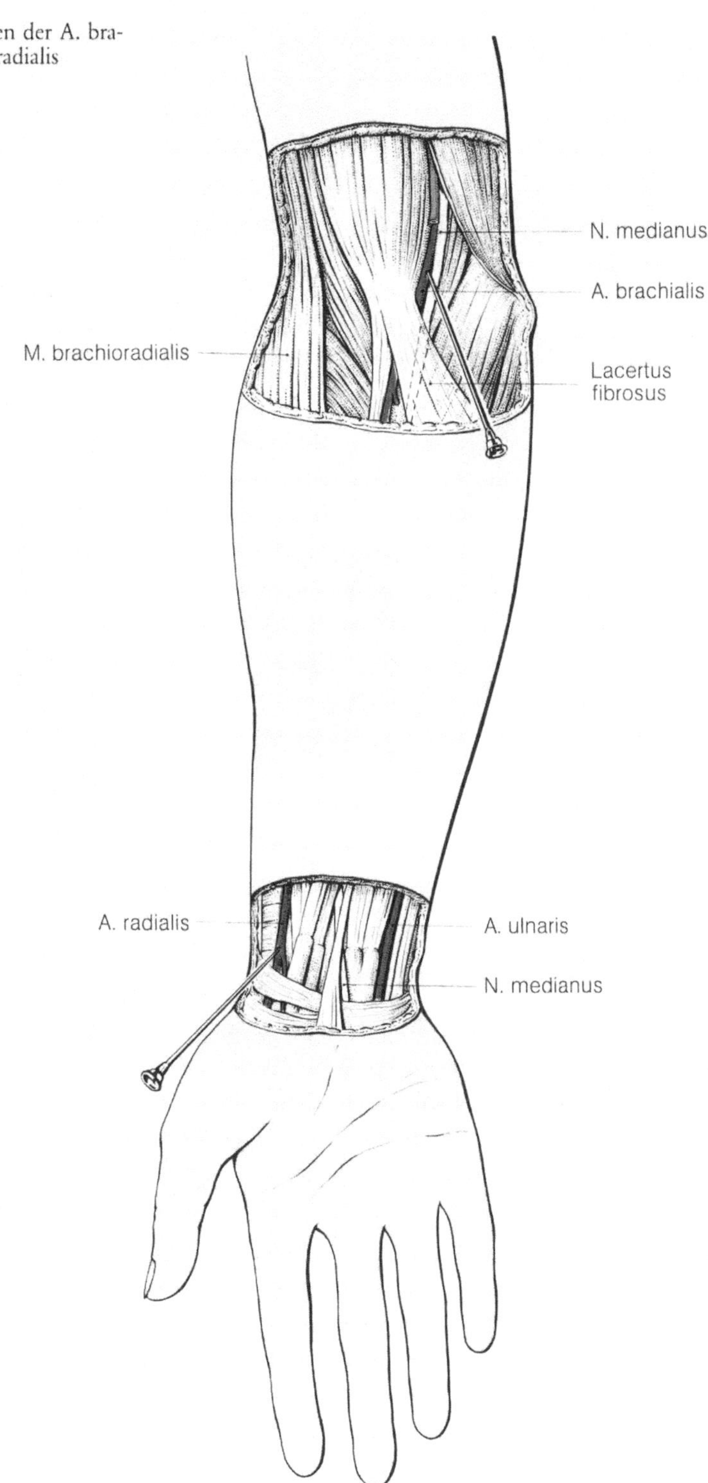

Abb. 22. Punktionen der A. brachialis und der A. radialis

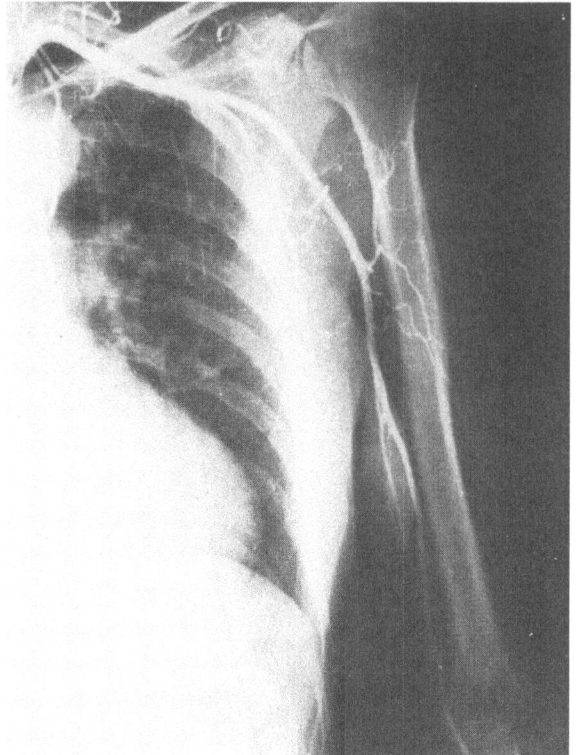

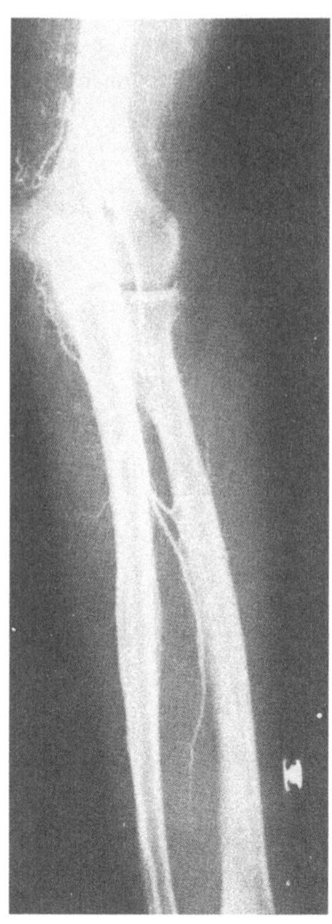

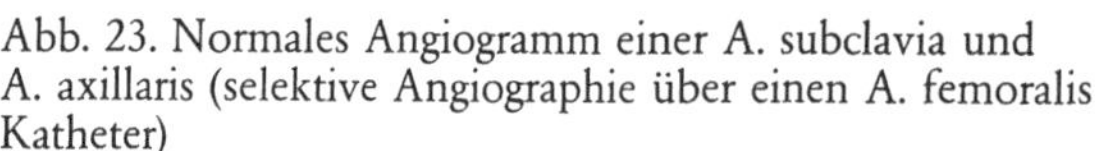

Abb. 23. Normales Angiogramm einer A. subclavia und
A. axillaris (selektive Angiographie über einen A. femoralis
Katheter)

Abb. 24. Normales Angio-
gramm einer A. brachialis

Der N. femoralis verläuft unter dem Leistenband durch die Lacuna musculo-
rum. Er liegt hier lateral der A. femoralis und etwas tiefer als sie. Laterodorsal der
A. femoralis befindet sich der Muskelsehnenübergang des M. psoas maior. Der
Verlauf der A. femoralis am Oberschenkel entspricht in etwa den oberen 2/3 einer
Linie, die den Mittelpunkt des Lig. inguinale mit dem Epicondylus medialis femoris
verbindet.

In der Fossa poplitea kann man den Puls der A. poplitea fühlen, wenn man
sie gegen den Schienbeinkopf drückt. Der Puls ist oft schwer zu finden, da der
N. tibialis und die V. und A. poplitea in der Kniekehle sehr tief liegen, und zusätzlich der N. tibialis und die V. poplitea hier die A. poplitea überlagern. Die Palpation des Popliteapulses wird daher am günstigsten bei passiv gebeugtem Kniegelenk durchgeführt, da dann das Bindegewebe über der Arterie und die benachbarten Muskeln und Sehnen erschlafft sind.

Den Puls der A. dorsalis pedis kann man bei den meisten Menschen am Fuß-
rist zwischen den Sehnen des M. extensor hallucis longus und des M. extensor
digitorum longus tasten. Als ganz brauchbare Methode zum Auffinden des Pulses
kann man so vorgehen, daß man mit den Fingern vom ersten Zwischenzehenraum
aus, den Fuß lateral der Sehne des M. tibialis anterior aufwärts entlangfährt, bis

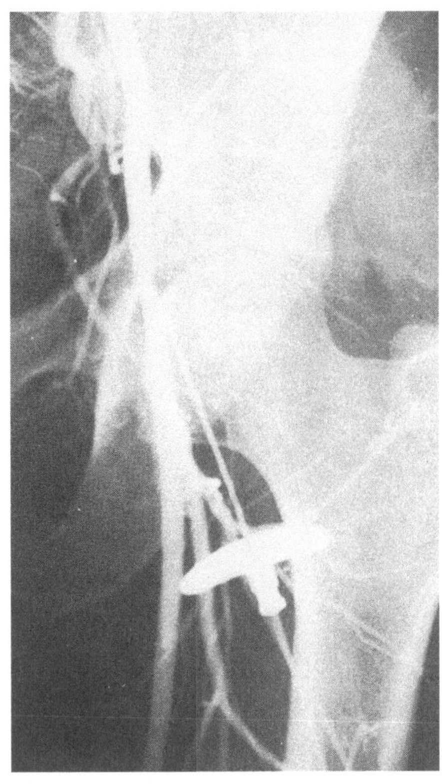

Abb. 25. Normales Angiogramm einer
A. femoralis mit Angabe der Punktionsstelle

man den Puls fühlt. Den Puls der A. tibialis posterior kann man einen Querfinger
breit hinter und unterhalb des medialen Fußknöchels auffinden.

Technik

Theoretisch könnte man jede palpierbare Arterie für eine Blutentnahme oder für
das Einführen eines Arterienkatheters verwenden. In der Praxis werden jedoch
hauptsächlich die A. radialis, die A. brachialis und die A. femoralis benutzt.

Will man Blut aus der A. radialis entnehmen, so wird der Unterarm zunächst
supiniert und der Puls der Arterie palpiert. Eine abgestumpfte Kanüle wird an der
Pulsstelle, zwei Querfinger oberhalb des proximalen Handgelenkes unmittelbar
radial der Sehne des M. flexor carpi radialis eingestochen und durchdringt Haut,
Subcutis, Fascia antebrachii und gelangt darauf in die hier sehr oberflächlich liegende A. radialis. Arterien neigen dazu, vor der Kanüle wegzurutschen. Daher
empfiehlt es sich, die Haut über ihnen zwischen Daumen und Zeigefinger zu spannen, um dadurch die Verschieblichkeit der Arterie einzuengen.

Die A. brachialis wird gewöhnlich kurz vor ihrem Eintritt in die Fossa cubiti
punktiert, nahe dem medialen Rand des M. biceps brachii. Der Unterarm wird

35

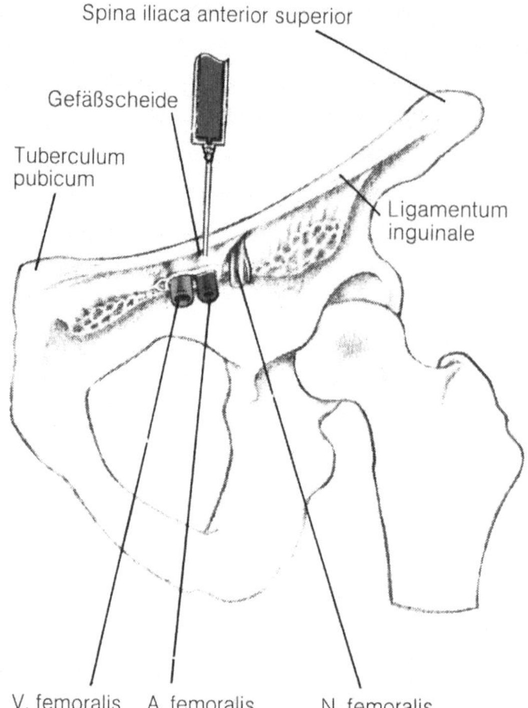

Abb. 26. Punktion der A. femoralis

hierfür supiniert, im Ellbogengelenk wird gestreckt, und der Puls der A. brachialis wird oberhalb des Lacertus fibrosus aufgesucht. Die Kanüle wird nun direkt oberhalb des Lacertus fibrosus am medialen Bicepsrand eingestochen. Sie durchdringt Haut, Subcutis, oberflächliche und tiefe Oberarmfascie und schließlich die feste Wand der A. brachialis.

Zur Punktion der A. femoralis steht der Arzt auf der rechten Seite des Patienten. Der Puls der A. femoralis wird unterhalb des Lig. inguinale mit dem linken Mittelfinger palpiert, der linke Zeigefinger fühlt den Femoralispuls etwas weiter caudal. Die Punktion der A. femoralis wird nun zwischen Mittel- und Zeigefinger vorgenommen. Die Nadel durchdringt die Haut, Subcutis und die Fascia lata, die man als Widerstand spürt. Nun wird die Kanüle durch die Vorderwand der Gefäßscheide durchgestoßen und gelangt in die A. femoralis. Da die V. femoralis unmittelbar medial der Arterie liegt, kommt es nicht selten vor, daß versehentlich venöses Blut aspiriert wird. Dies kann man durch eine der beiden folgenden Methoden vermeiden:

1. Punktion nur mit der Nadel ohne angeschlossene Spritze läßt bei Berühren der Arterienwand die Nadel »tanzen«.
2. Bei der Verwendung einer an die Kanüle angeschlossenen Glasspritze wird nach Punktion einer Arterie der Spritzen-Stempel pulssynchron langsam hochgeschoben.

36

Wichtig

1. Vor einer Arterienpunktion den Puls an der vorgesehenen Punktionsstelle tasten.
2. Bei der Punktion der A. femoralis an Kindern mit der Nadel nicht zu weit nach lateral geraten, das sich noch entwickelnde Hüftgelenk könnte verletzt werden.
3. Beachte, daß die A. brachialis unter den großen Arterien besonders häufig Variationen aufweist. Eine hohe Teilung, Kollateralgefäße und auch eine Verdoppelung, bei der der N. medianus dann zwischen den beiden Arterien liegt, kommen vor.

Anlage von zentralen Venenkathetern

Das Messen des zentralen Venendruckes ist heute eine gängige und wichtige Untersuchungsmethode. Man hat früher über lange Katheter gemessen, die in die V. mediana cubiti eingeführt wurden oder über die V. basilica oder V. femoralis von unten her vorgeschoben wurden. Diese Methoden galten in den letzten Jahren als überholt. Die Venenkatheter wurden deshalb unmittelbar in die V. subclavia, V. brachiocephalica oder in die V. iugularis interna eingelegt. Es ist für i.v. Dauerinfusionen und für langdauernde i.v. Gaben von Medikamenten wichtig, Venen mit einem hohen Blutdurchfluß zu wählen, da hierdurch die Gefahr einer Thrombophlebitis so gering wie möglich gehalten wird.

Anatomie

Die V. iugularis interna führt das Blut vom Gehirn, oberflächlichen Gesicht und Hals. Sie beginnt an der Schädelbasis am Foramen iugulare als Fortsetzung des Sinus sigmoideus und ist rechts meist stärker als links. Unmittelbar danach senkt sich die V. iugularis interna in die Gefäßnervenscheide des Halses ein. In dieser gemeinsamen Gefäßnervenscheide des Halses verläuft die Vena iugularis interna auf der lateralen Seite, die A. carotis communis ventromedial und der N. vagus entweder zwischen den beiden Gefäßen oder an der Dorsalseite. Die Kenntnis der topographischen Verhältnisse vor der V. iugularis interna ist für die Anlage eines Jugulariskatheters sehr wichtig. Die Vene wird in ihrem oberen Verlauf am Hals vom M. sternocleidomastoideus überbrückt, im unteren Bereich verdeckt sie der Muskel teilweise. Ihr Verlauf würde in etwa einem Band entsprechen, das man vom Ohrläppchen zum medialen Ende der Clavicula, zwischen den claviculären und sternalen Kopf des M. sternocleidomastoideus ausspannen könnte.

Die V. subclavia ist die Fortsetzung der V. axillaris. Sie beginnt am Außenrand der ersten Rippe und verläuft in einem sanften Bogen über die Oberseite der ersten Rippe, vor der Ansatzsehne des M. scalenus anterior vorbei. Der Scheitelpunkt des bogenförmigen Verlaufs der V. subclavia entspricht genau einem Punkt, der etwas medial vom Mittelpunkt des Schlüsselbeines liegt. Danach strebt die V. subclavia nach medial und caudal, gleichzeitig aber auch noch sanft nach ventral, um sich hinter dem Sternoclaviculargelenk mit der V. iugularis zu vereinigen. Das Blut fließt jetzt in der V. brachiocephalica weiter. Auf der linken Seite mündet in den Winkel zwischen V. subclavia und V. iugularis interna der Ductus thoraci-

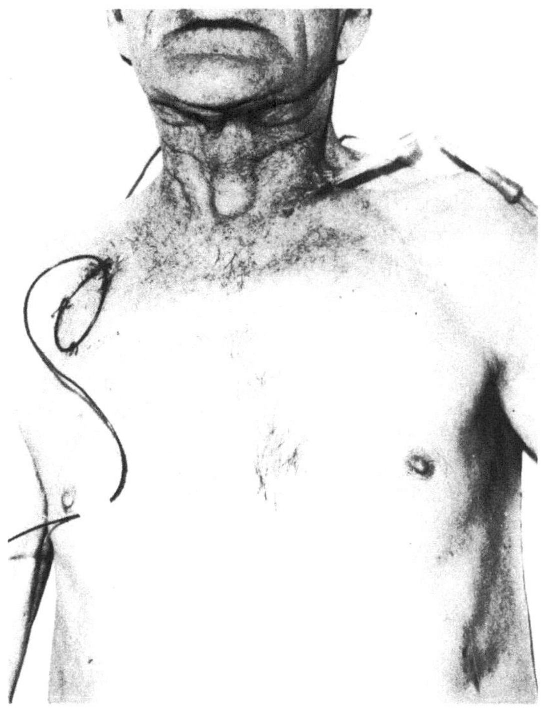

Abb. 27. Herzschrittmacher Katheter über die rechte V. subclavia eingeführt. Über einen Katheter in der linken V. brachiocephalica wird der zentrale Venendruck gemessen

cus ein, rechts der Ductus lymphaticus dexter. Die V. subclavia ist über die Fascia clavipectoralis zwischen der Clavicula, dem M. subclavius und der ersten Rippe relativ fest verspannt. Ihr Lumen kann deshalb nicht kollabieren. Bei den Atembewegungen des Thorax und bei jeder Schulterbewegung wird die Fascia clavipectoralis so angespannt, daß eine Saugwirkung auf das Venenblut ausgeübt wird. Eine Verletzung der Vena subclavia kann daher zu einer Luftembolie führen. Nach dorsal zu lehnt sich die V. subclavia an den M. scalenus anterior, der sie gegen die A. subclavia und den Plexus brachialis hin abgrenzt.

Die V. iugularis externa ist ein wichtiger Zufluß der V. subclavia. Sie entsteht gegenüber dem Angulus mandibulae aus der Vereinigung der V. auricularis posterior mit dem Hauptast der V. retromandibularis. Sie überkreuzt epifascial den M. sternocleidomastoideus schräg dorsocaudalwärts, durchbohrt dann die Lamina superficialis der Fascia colli am Hinterrand des M. sternocleidomastoideus, etwa 2 Querfinger supraclaviculär und mündet unmittelbar lateral des M. scalenus anterior, die Fascia omoclavicularis durchbohrend, in die V. subclavia ein. Die V. iugularis externa ist in ihrem wesentlichen Verlauf also nur von Haut und Platysma bedeckt, kurz vor der Mündung zusätzlich vom oberflächlichen und mittleren Blatt der Halsfascie. Nach dorsal und nur im caudalen Verlaufsstück auch nach ventral zu wird die V. iugularis externa von der Fascienscheide des M. sternocleidomastoideus begrenzt. In ihrem mündungsnahen Gebiet finden sich häufig ein oder mehrere Klappen. Mit dem mittleren Blatt der Halsfascie ist die V. iugularis externa so verspannt, daß das Lumen des Gefäßes offen gehalten wird und Bewegungen der Fascie den Blutdurchfluß begünstigen. In diesem Halsbereich sollte man auch unbedingt an die topographische Nachbarschaft der Pleura denken. Die Pleura parietalis wird gegen den Halsbereich hin von dem »Zeltdach« der mittleren Halsfascie bedeckt. Die Oberflächenprojektion der Pleurakuppel entspricht einer bogenförmigen Linie, die vom medialen Drittelpunkt an der Clavicula zum Sternoclaviculargelenk verläuft. Der Scheitelpunkt des Bogens liegt 2,5 cm oberhalb des Schlüsselbeines hinter dem claviculären Kopf des M. sternocleidomastoideus. Hier liegt die Pleurakuppel also in unmittelbarer Nachbarschaft zur V. iugularis interna, V. subclavia und zur V. brachiocephalica.

Subclaviakatheter

Der Patient liegt in Rücken- und Kopf-tief-Lage (TRENDELENBURG'sche Lage). Das Gesicht des Patienten soll von der Punktionsstelle abgewendet werden. Die Kopf-tief-Lage bewirkt nicht nur gestaute Halsvenen, sie setzt auch das Risiko einer Luftembolie herab.

Nach Anaesthesie und Stichincision wird die Kanüle 1 cm unterhalb und etwas lateral des Mittelpunktes der Clavicula eingestochen. Sie wird nun gegen den Oberrand des Sternoclaviculargelenkes zu vorgeschoben bis man auf die Clavicula stößt. Die Punktionsnadel wird nun vorsichtig am Unterrand des Schlüsselbeines vorbeimanövriert und langsam weiter vorgeschoben, bis man zwangsläufig in die V. subclavia gelangt ist. In ihrem Verlauf durchstößt die Kanüle Haut, oberflächliche Fascie, den M. subclavius und die Fascia clavipectoralis, bevor sie in die Vene eindringt.

Jugularis interna Katheter

Für die Punktion der V. iugularis interna wurden mehrere Methoden beschrieben. Bei allen muß der Patient in Kopf-tief-Lage und Rückenlage gelagert werden. Sein Kopf soll von der Punktionsseite abgewendet sein.

Bei der ersten Methode wird mit der Kanüle nach lokaler Anaesthesie und Stichincision 3 cm oder 2 Querfinger breit oberhalb des Schlüsselbeines am Hinterrand des M. sternocleidomastoideus eingegangen. Die Nadel wird in Richtung auf die Incisura iugularis sterni zu durch Haut, Platysma und oberflächliches Blatt der Halsfascie unter dem M. sternocleidomastoideus hindurch so lange vorgeschoben, bis man in die leicht nachgebende V. iugularis interna kommt. Sie hat an dieser Stelle einen Durchmesser von etwa 1,2 cm, also etwa dreifache Stärke der A. carotis communis. Da die Vene normalerweise dorsolateral der Arterie liegt, muß sie somit zwangsläufig getroffen werden. Bei starker Venenstauung verlagert sich die V. iugularis interna in der Gefäßnervenscheide zunehmend nach ventral.

Die zweite Methode ist nur beim anaesthesierten und möglichst relaxierten Patienten durchführbar. Bei völliger Relaxation läßt sich die V. iugularis interna meist leicht durch den M. sternocleidomastoideus hindurch fühlen. Man muß sie zunächst von der etwas weiter medial verlaufenden A. carotis communis abgren-

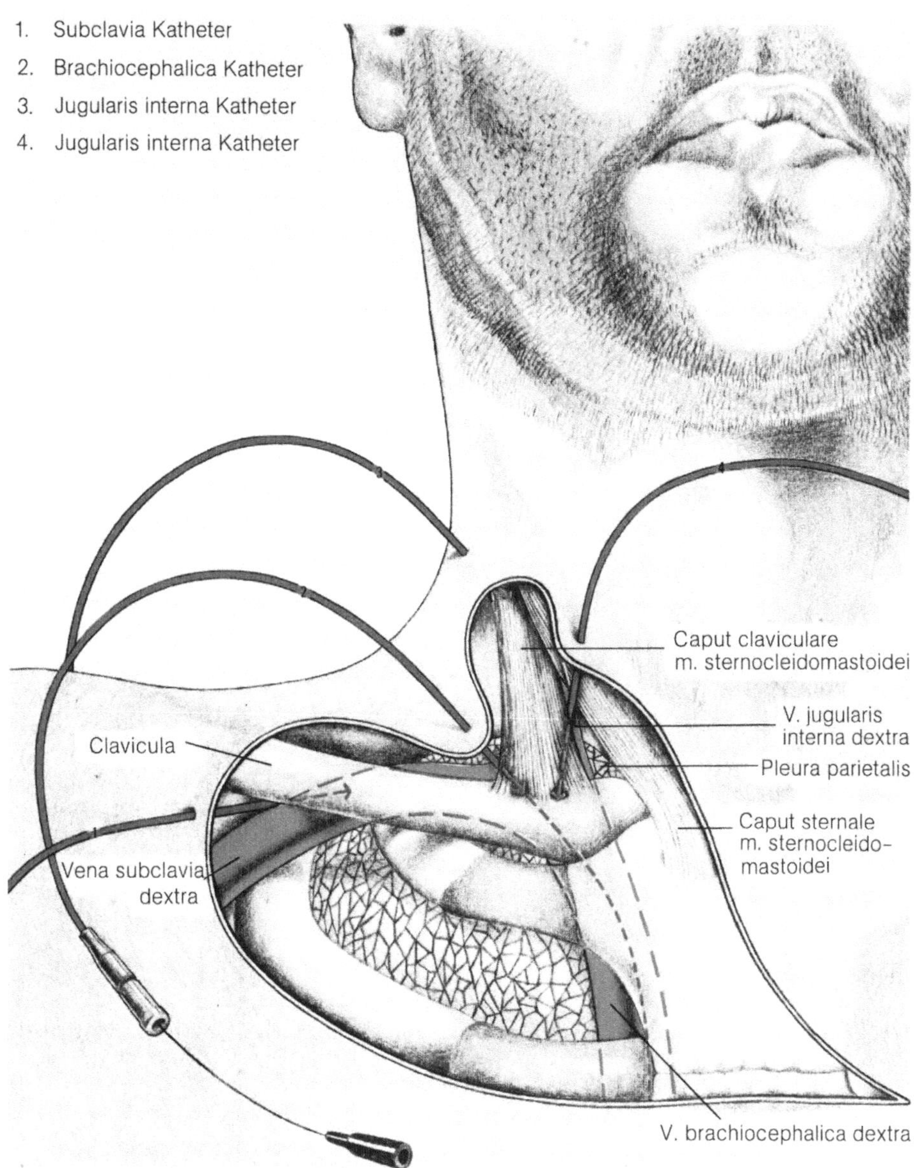

Abb. 28. Punktionsstellen für die Anlage von zentralen Venenkathetern

zen. Die Venenpunktion wird von einem Punkt ausgeführt, der etwas cranial und medial von der Stelle liegt, an der man die Vene am leichtesten palpieren konnte. Die Kanüle wird in caudaler Richtung mit leichtem Trend nach lateral durch den relaxierten M. sternocleidomastoideus hindurch vorgeschoben. Das Durchstoßen des hinteren Blattes der Fascienscheide des Muskels und des anliegenden, auch die Gefäße umhüllenden mittleren Blattes der Halsfascie wird oft als leichter Wider-

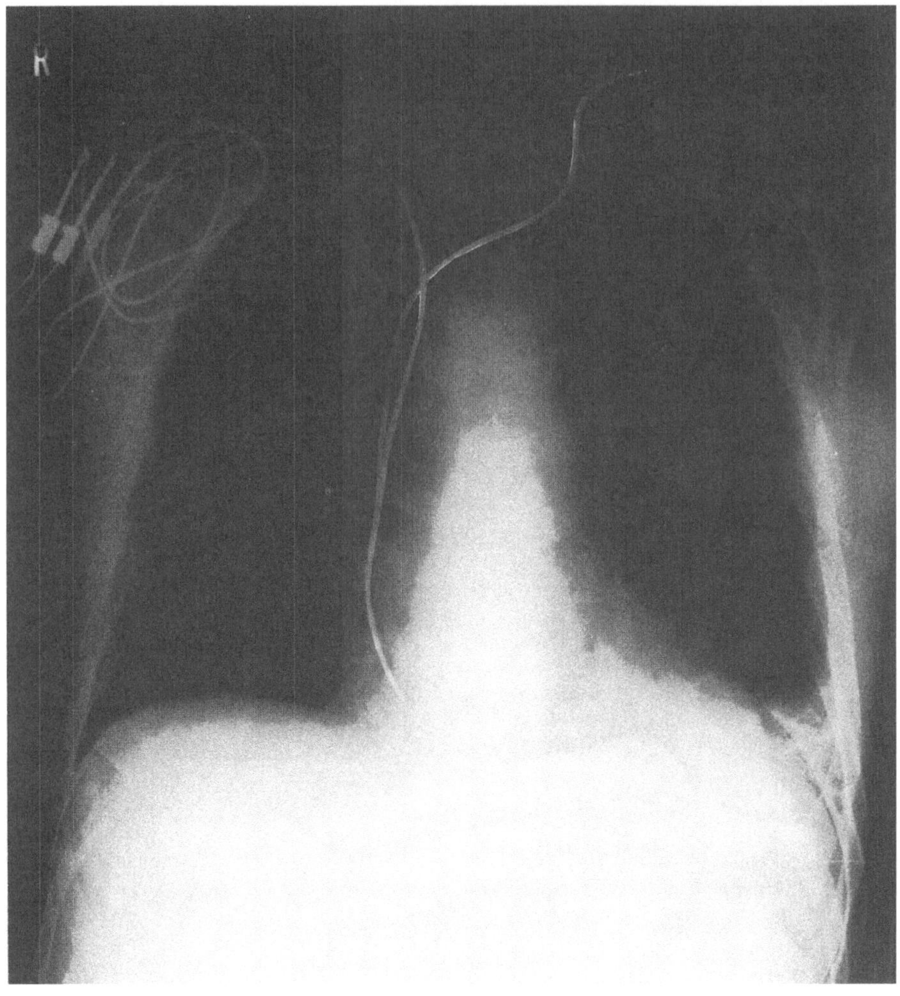

Abb. 29. Thoraxübersichtsaufnahme mit Darstellung eines Schrittmacher-Katheters in der Spitze des rechten Ventrikels (Zugang über rechte V. subclavia) und zentraler Venendruck Katheter in der V. cava superior (Zugang über linke V. brachiocephalica)

stand gespürt, ebenso das Eindringen der Kanüle in die sehr dünnwandige V. iugularis interna.

Eine weitere Methode wird beim wachen Patienten angewendet. Dazu sucht man zunächst das Dreieck auf, das vom sternalen und claviculären Kopf des M. sternocleidomastoideus und vom medialen Ende des Schlüsselbeines begrenzt wird. Der Endabschnitt der V. iugularis interna befindet sich hinter dem medialen Rand des Caput claviculare dieses Muskels. Die Punktionskanüle wird an der oberen Spitze des Dreiecks eingestochen und caudalwärts, mit leichter Tendenz nach lateral, gegen das dorsal der Clavicula befindliche vordere Ende der ersten Rippe zu vorgeschoben. Die V. iugularis interna wird bei diesem Vorgehen mündungsnah getroffen.

Brachiocephalicakatheter (Anonymakatheter)

Der Patient wird auf dem Rücken in Kopf-tief-Lage gelagert. Man sucht den lateralen Winkel zwischen dem Schlüsselbein und dem äußeren Rand des claviculären Kopfes des M. sternocleidomastoideus auf. Hier wird mit der Punktionskanüle nach Lokalanaesthesie und Stichincision eingegangen und die Kanüle in Richtung auf den Angulus sterni zu vorgeschoben. Die V. brachiocephalica (V. anonyma) wird an der Stelle getroffen, an der sie ihre großen Zuflüsse, die V. iugularis interna und die V. subclavia aufnimmt. Man sollte die rechte Seite bevorzugen, da auf der linken der Ductus thoracicus in unmittelbarer Nähe des Punktionsweges liegt und gefährdet ist. Die V. brachiocephalica dextra ist in der Regel 3,5–4 cm lang (Grenzwerte 2,5–5,5 cm), die linke 6–7 cm lang (Grenzwerte 5,0–8,5 cm). Der Durchmesser der rechten Vene beträgt im Mittel zwischen 1,6–1,7 cm (Grenzwerte 0,9–2,1 cm), der auf der linken Seite 1,4–1,7 cm (Grenzwerte 1,0–2,5 cm). In 8% kommt bei der Mündung der linken V. brachiocephalica in die V. cava superior eine Venenklappe vor.

Jugularis externa Katheter

Die V. iugularis externa ist gewöhnlich gut durch die Haut zu sehen. Sie liegt oberflächlich epifascial und hat ein für Katheter brauchbares Kaliber von normalerweise etwa 3–4 mm. Ihr Mündungswinkel mit der V. subclavia kann jedoch so ungünstig sein, daß ein weiteres Vorschieben des Katheters unmöglich wird. Der Spitze des Katheters können aber auch Venenklappen und die feinen Mündungen von zufließenden Venen im Wege liegen (V. suprascapularis, V. cervicalis superficialis, Arcus venosus iuguli).

Wichtig

1. Die über die erste Rippe hinausreichende Pleurakuppel befindet sich in unmittelbarer Nachbarschaft zur V. subclavia, V. iugularis interna und V. brachiocephalica. Gefürchtete Komplikationen nach Anlage eines zentralen Venenkatheters, besonders beim Subclaviakatheter, sind Pneumothorax, Haemothorax und Hydrothorax.
2. Der Patient soll bei der Anlage eines Katheters in Kopf-tief-Lage auf dem Rücken gelagert werden. Dadurch ist die Gefahr einer Luftembolie herabgesetzt.
3. Die Fascienstruktur am Hals begünstigt die Ausbildung eines subcutanen Emphysems und eines Hydromediastinums.
4. Arterio-venöse Fisteln, ein HORNER Syndrom und Läsionen des Plexus brachialis sind vorgekommen.

Anlage von intravenösen Infusionen und Venae Sectio

Anatomie

Die Armvenen lassen sich in oberflächliche und tiefe Venen einteilen. Sie anastomosieren untereinander. Die oberflächlichen Venen (Hautvenen) laufen epifascial oder in der oberflächlichen Armfascie, die tiefen finden sich neben den Arterien. Für eine routinemäßige Infusion kommt zunächst nur eine Hautvene in Betracht. Die oberflächlichen Armvenen beginnen als Venengeflechte am Handrücken und an der Handinnenfläche. Ihre Zuflüsse sind inkonstant und zahlreich, drei Hauptäste sind jedoch wichtig.

Das Blut der radialen Handrückenseite fließt über die V. cephalica ab. Diese Vene steigt am radialen Rand des Unterarmes auf und gibt oft einen kräftigen Seitenast – die V. mediana cubiti – zur Fossa cubiti hin ab. Danach strebt die V. cephalica weiter subcutan am lateralen Bicepsrand kranialwärts und dringt im kranialen Drittel des Oberarmes durch die oberflächliche Armfascie. Im Sulcus deltoideo-pectoralis (MOHRENHEIM'sche Grube) gelangt sie in die Tiefe, durchdringt hier die Fascia clavipectoralis, kreuzt die A. axillaris und mündet in die V. axillaris. Die V. basilica nimmt das venöse Blut aus dem ulnaren Anteil des venösen Handrückengeflechtes auf und verläuft an der ulnaren Seite des Unterarmes epifascial kranialwärts. In Höhe der Fossa cubiti nimmt sie in der Regel die V. mediana antebrachii und die V. mediana cubiti auf. Venenvariationen sind aber auch hier sehr häufig. Die V. basilica verläuft danach am medialen Bicepsrand subcutan kranialwärts und durchbohrt knapp unterhalb der Oberarmmitte mit dem unmittelbar ventromedial neben ihr liegenden N. cutaneus antebrachii medialis die Fascia brachii. Am Unterrand des M. teres maior vereinigt sich die V. basilica mit den großen Begleitvenen der A. brachialis zur V. axillaris.

Das Blut aus dem palmaren Venenplexus fließt über die V. mediana antebrachii ab, die gewöhnlich am medialen Rand der Fossa cubiti in die V. basilica mündet.

Von den oberflächlichen Venen des Beines, die nur im Notfall für eine Infusion genommen werden sollten, ist nur die V. saphena magna erwähnenswert. Sie entspricht in etwa der V. cephalica des Armes. Die V. saphena magna beginnt am Innenrand des Fußrückens und nimmt hier das nach medial abfließende Blut des Arcus venosus dorsalis pedis auf. Sie läuft oberhalb des Innenknöchels zur media-

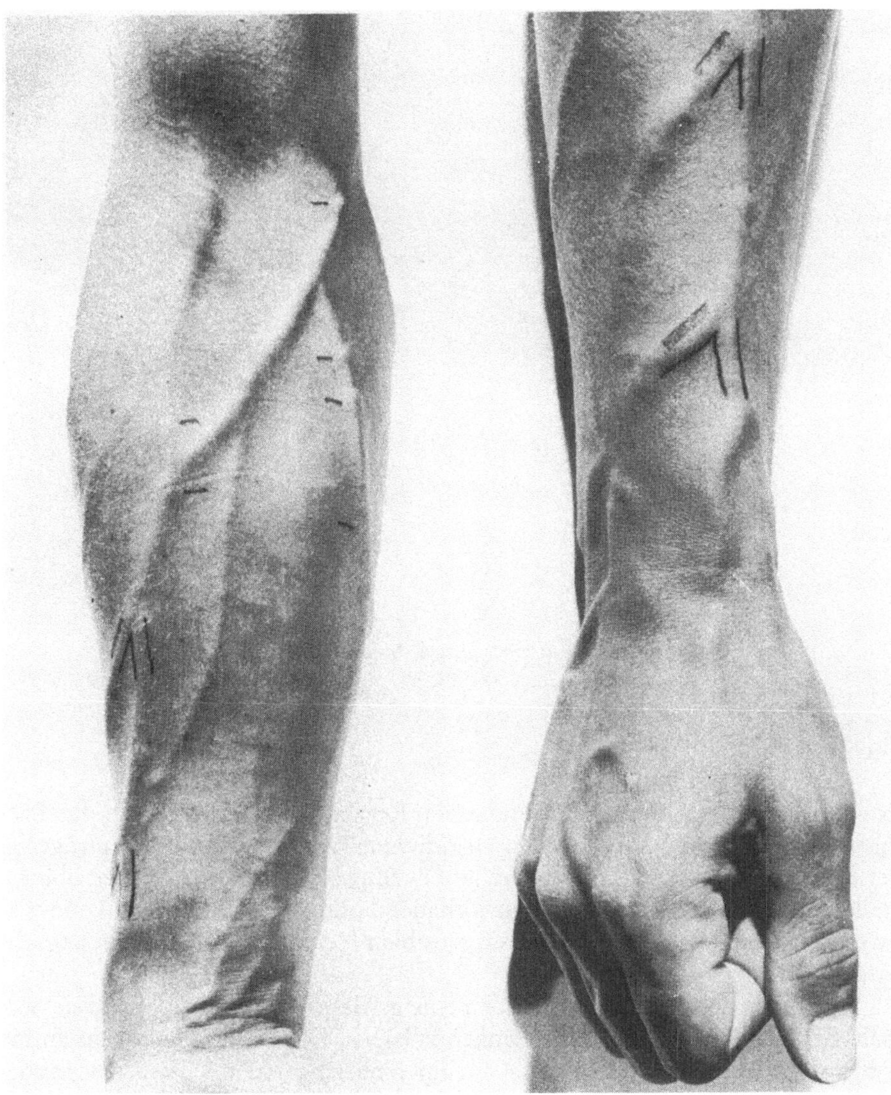

Abb. 30. Hautvenen am Unterarm. Die Lage von Venenklappen ist mit feinen horizontalen Strichen markiert. Günstige Stellen für das Anlegen einer Infusionskanüle sind ebenfalls angegeben

Abb. 31. Die V. cephalica mit Zuflüssen

len Seite des Unter- und Oberschenkels. Normalerweise läßt sich die Vene 2–3 cm vor dem medialen Knöchel auffinden und in Kniehöhe etwa handbreit hinter dem medialen Rand der Patella, was der Dorsalseite des medialen Tibiacondylus entspricht. Die V. saphena magna durchbohrt am Hiatus saphenus 3–4 cm unterhalb und etwas lateral des Tuberculum pubicum die Lamina cribrosa der Fascia lata und mündet in die V. femoralis.

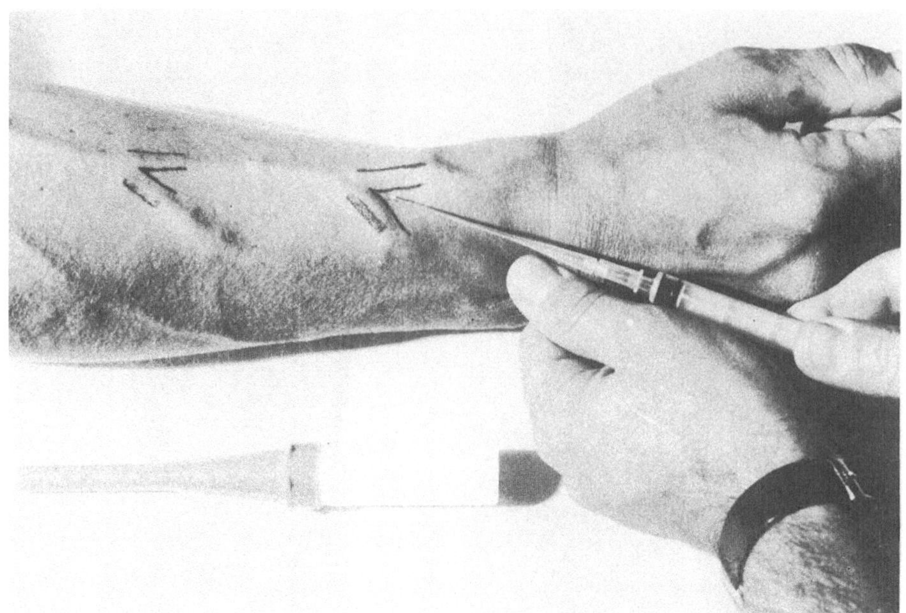

Abb. 32. Punktion der V. cephalica mit einer „Argyle-Medicut-Kanüle"

Technik

Es gibt eigentlich keine strengen und festen Regeln, wo i.v. Injektionen durchgeführt werden, da man bei jedem Mensch individuell nach der günstigsten und geeignetsten Stelle suchen muß. Trotzdem gibt es einige für Venenpunktionen übliche Stellen, an denen größere Hautvenen vorhanden sind, die Haut über der Vene relativ dünn ist und ferner keine größeren sensiblen Nervenäste unmittelbar benachbart sind.

Die Venen des Handrückens haben eine gewisse Reservelänge, sodaß sie normale Bewegungen in den Handgelenken zulassen. Die 3–4 Hauptvenenstämme haben meist über eine Strecke von 4 cm einen relativ geraden Verlauf. Die mittleren von ihnen eignen sich gut für i.v. Injektionen oder auch für Infusionen, da sie bei palmar flektierter Hand relativ fixiert sind und zudem von den größeren Hautnerven des Handrückens weit genug entfernt sind. Am Unterarm, knapp oberhalb der Tabatière, wird die V. cephalica gern für i.v. Injektionen benutzt. Sie stellt sich am besten dar, wenn man den Unterarm in halber Pronationsstellung und die Hand in Ulnarabduktionsstellung hält. Die Injektionen sind hier aber oft schmerzhaft, da man unmittelbar neben dem R. superficialis des N. radialis einsticht und die Haut hier relativ dick ist.

Die gut sichtbaren Hautvenen im Bereich der Ellenbeuge, die V. basilica, V. cephalica und die V. mediana cubiti sind die typischen Venen für Blutentnahmen und medikamentöse i.v. Applikationen. Es wird empfohlen, die hier lateral verlaufenden Hautvenen zu bevorzugen, da auf der medialen Seite bei versehent-

46

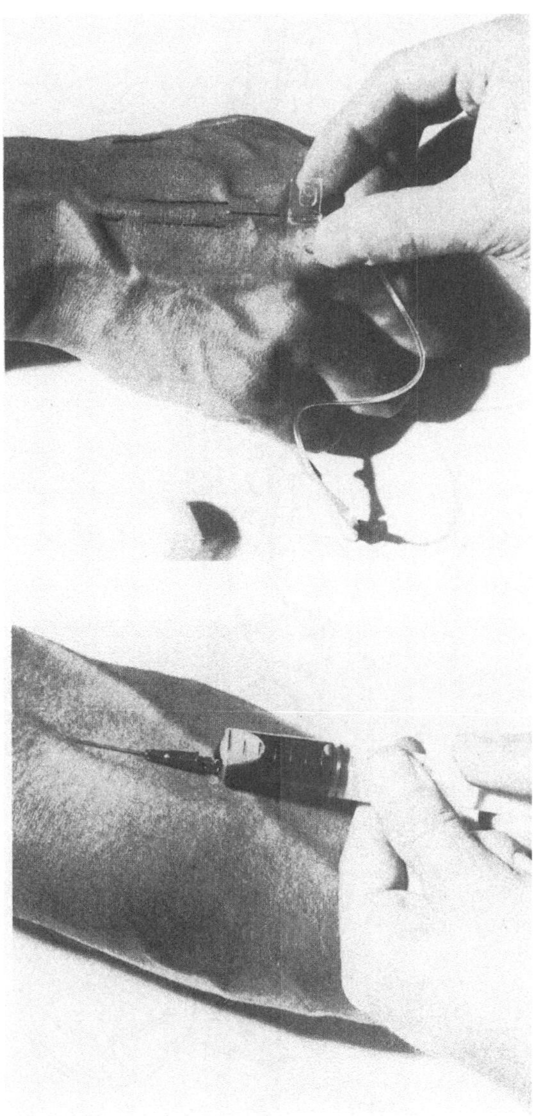

Abb. 34. Punktion der V. mediana
cubiti

lich falscher Technik Komplikationen auftreten können. Mit der V. basilica verläuft
der N. cutaneus antebrachii medialis, der beim Aufsuchen der Vene Schmerzen
bereiten kann. Tief unter der V. mediana cubiti verläuft die A. brachialis. Glück-
licherweise ist sie durch die kräftige, gut fühlbare und bei gestrecktem Ellbogengelenk straffe Aponeurose des M. biceps brachii (Lacertus fibrosus) geschützt. Bei
etwa 3% der Bevölkerung ist eine A. ulnaris superficialis zu erwarten, die versehentlich als V. basilica angesehen werden könnte.

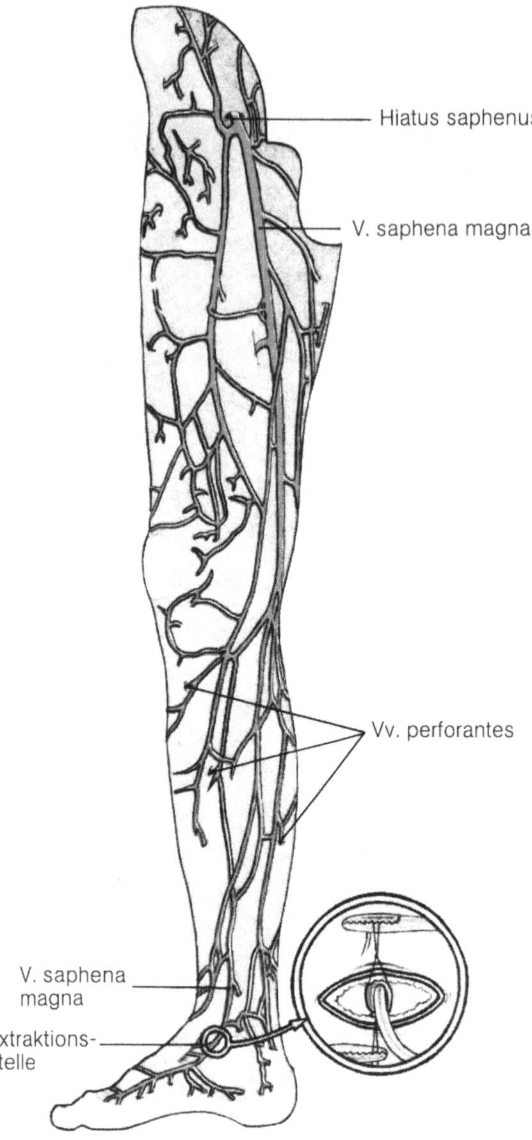

Die Technik bei der Anlage einer Venüle ist überall gleich. Es wird ein gerades Verlaufsstück einer Hautvene aufgesucht. Die Vene ist für gewöhnlich auf der oberflächlichen Fascie sehr gut verschieblich, sie »rollt«. Daher empfiehlt es sich, vor dem Einstich die Haut im Bereich der Punktionsstelle etwas zu spannen. Dadurch wird die Vene festgehalten. Mit der Kanüle wird die Haut schräg durchstochen und bevorzugt an einer V-förmigen Vereinigungsstelle zweier Venen in die Gefäßwand eingegangen.

Venae Sectio

Manchmal wird es notwendig, eine Venae Sectio durchzuführen. Die modernen Methoden der Katheterisierung der V. iugularis interna, der V. brachiocephalica und der V. subclavia haben diese alte Methode jedoch fast verdrängt. Meist wird am Bein die V. saphena magna unterhalb der Leistenbeuge oder vor dem medialen Fußknöchel genommen. Am Arm bietet sich die V. basilica, V. cephalica oder die V. mediana cubiti an.

Übliche Schnittstellen für die Venae Sectio der V. saphena magna: 2–3 cm vor dem Malleolus medialis am Fuß; in der Leistengegend 3–4 cm unterhalb und etwas lateral des tastbaren Tuberculum pubicum.

Für eine Venae Sectio in der Regio cubiti wird durch eine quere Hautincision 0,5 cm oberhalb der Ellbeugenfalte die V. basilica, V. cephalica und die V. mediana cubiti zugänglich. Die V. basilica kann man auch erreichen, wenn man etwa 4 cm oberhalb und 2,5 cm nach vorne vor dem medialen Humerusepicondylus eingeht. Die V. cephalica kann zusätzlich durch einen Hautschnitt über dem Sulcus deltoideo-pectoralis dargestellt werden.

Wichtig

1. Bei i.v. Applikation von Medikamenten in eine Hautvene der Fossa cubiti ist an eine mögliche A. ulnaris superficialis zu denken.
2. In der Regio cubiti nicht zu tief vordringen, man könnte in die A. brachialis gelangen.
3. Bei Kleinkindern bietet sich noch die Möglichkeit, oberflächliche Kopfhautvenen (V. frontalis) oder den Sinus sagittalis superior für eine Venenpunktion zu verwenden.

Verödung von Beinkrampfadern

Der venöse Blutabfluß aus dem Bein erfolgt über oberflächliche und tiefe Venen, die untereinander anastomosieren. Von den oberflächlichen Venen sind zwei besonders wichtig, die V. saphena magna und die V. saphena parva, in die viele nicht genauer bezeichnete Seitenäste münden.

Die V. saphena parva beginnt am Arcus venosus dorsalis des Fußrückens und läuft an dessen lateralem Rand entlang, hinter dem Malleolus lateralis vorbei und

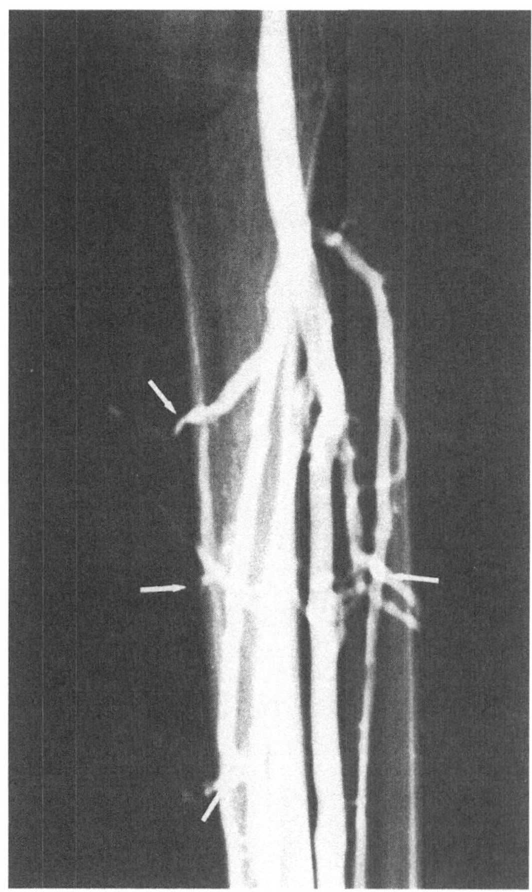

Abb. 36. Tiefe Venen des oberen Wadenbereiches mit Vv. perforantes

danach in der Wadenmitte epifascial kranialwärts. Zwischen den beiden Gastrocnemiusköpfen durchbohrt sie die Fascia poplitea und mündet in die V. poplitea.

Die V. saphena magna nimmt den medialen Anteil des Arcus venosus dorsalis pedis auf, verläuft am medialen Rand des Fußrückens 2–3 cm vor dem Malleolus medialis vorbei und zieht auf der Innenseite von Unter- und Oberschenkel kranialwärts. In Kniehöhe läßt sie sich handbreit medial der Innenkante der Patella auffinden, was etwa der Haut auf der Rückseite des medialen Tibiakondylus entspricht. Sie mündet 3–4 cm unterhalb und etwas lateral des Tuberculum pubicum in die V. femoralis, nachdem sie die Lamina cribrosa in der Fascia lata durchbrochen hat.

Tiefe und oberflächliche Beinvenen haben Klappen, die den Rückfluß des venösen Blutes aus den Beinen unterstützen. Die wichtigsten Venenklappen befinden sich an den Mündungsstellen der V. saphena magna in die V. femoralis und der V. saphena parva in die V. poplitea. Daneben gibt es noch viele Klappen, die einen Rückfluß des Blutes über die Vv. perforantes aus den tiefen Beinvenen in die oberflächlichen Hautvenen verhindern. Diese Vv. perforantes sind nicht allzu zahlreich, meist sind es 3. Sie verbinden oberflächliche und tiefe Beinvenen durch

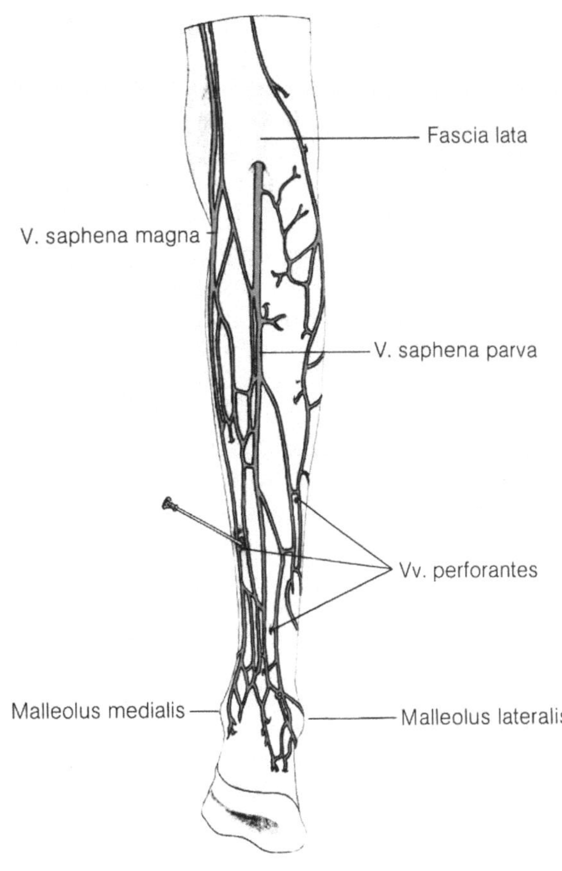

Abb. 37. Verlauf der V. saphena parva an der Wade

die Fascia cruris hindurch. Ihre Lage wechselt von Patient zu Patient. Die obere
V. perforans ist besonders variabel und findet sich in einem Bereich, der handbreit
kranial bis ebensoweit caudal der Innenkante der Patella reicht. Die zweite V. perforans findet sich im mittleren Drittel des Unterschenkels, die dritte etwa 3 Querfinger oberhalb der Malleolenebene. Krampfadern sind dilatierte, geschlängelt verlaufende oberflächliche Beinvenen, bei denen die Venenklappen insuffizient geworden sind.

Technik

Durch Veröden der Hautvenen und der Vv. perforantes kann man den bei Krampfadern gesteigerten Rückfluß des Blutes von den tiefen zu den oberflächlichen Beinvenen verhindern. Die Vv. perforantes werden beim stehenden Patienten palpiert
und markiert. Eine Phlebographie gibt genauere Auskunft, besonders auch über die
Verhältnisse bei den tiefen Beinvenen. Erst wenn die Funktionstüchtigkeit der tiefen Beinvenen geklärt ist, kann mit der Behandlung der Krampfadern begonnen
werden. Beim sitzenden Patienten wird dann das Bein horizontal gelagert und die
V. perforans mit der Kanüle punktiert. Eine kurze Aspiration mit der Spritze bestä-
tigt die richtige Lage der Kanüle in der Vene. Darauf wird der Unterschenkel ange-
hoben, damit sich die Krampfadern völlig entleeren können. Die Vene wird oberhalb und unterhalb der Injektionsstelle mit dem Mittel- und Zeigefinger komprimiert. Dadurch wird eine weitere Ausbreitung des Verödungsmittels (0,5 ml) verhindert, die geschädigte Intima verklebt und die V. perforans verschlossen. Weitere
0,5 ml Verödungssubstanz werden zusätzlich in die oberflächliche Vene injiziert
und diese mit einem harten Gummikeil unter einem Druckverband komprimiert.
Die anderen Vv. perforantes werden ebenso behandelt, oft in mehreren Sitzungen.
Wobei man immer von distal nach proximal weiterschreitet. Der Druckverband
wird dann über das ganze Bein ausgedehnt. Die bekannteste operative Beseitigung
der Beinkrampfadern ist die subcutane Venenextraktion mit einem Phleboextrak-
tor (entwickelt nach BABCOCK). Wegen der Gefahr von Abrissen von Seitenästen
des N. saphenus magnus und daraus folgenden Sensibilitätsstörungen am Bein ist
es empfehlenswert, eine pathologisch erweiterte V. saphena magna mit der Extrak-
tionssonde vom Hiatus saphenus ausgehend knöchelwärts herauszuziehen. Beim
umgekehrten Extraktionsweg, also vom Knöchel aus in Richtung Hüfte, treten Sensibilitätsstörungen am Bein häufiger auf.

Wichtig

1. Vor jeder Injektionsbehandlung die Funktionstüchtigkeit der tiefen Beinvenen
   abklären.
2. Darauf achten, daß die Verödungssubstanz nur in die Venen gelangt.

52

3. Eine Applikation von Verödungssubstanz über dem Knie ist oft ohne Erfolg,
   da sich hier die Hautvenen nur schwer mit einem Druckverband komprimieren lassen.
4. Die Beinvenen vor Verabreichung der Verödungssubstanz durch Elevation des
   Beines unbedingt entleeren.
5. Darauf achten, daß der Druckverband nicht zu straff gewickelt wird.

Austauschtransfusion

Anatomie

Beim Fetus fließt das sauerstoffreiche Blut von der Plazenta über die V. umbilicalis zur Leberpforte. Ein kleiner Teil des Blutstromes gelangt über die Pfortader in die Lebersinusoide, die Hauptmasse umgeht jedoch den Leberkreislauf über den Ductus venosus (ARANTIUS) und mündet sofort in die untere Hohlvene. Von hier gelangt das Blut in den rechten Vorhof. Die Valvula venae cavae inferioris lenkt den Hauptstrom des Blutes durch das offene Foramen ovale in den linken Vorhof. Nachdem es durch die Mitralklappe in den linken Ventrikel geströmt ist, wird es in die Aorta gepreßt und hauptsächlich zum Gehirn geleitet. Das venöse Blut aus dem Kopf- Halsbereich fließt über die V. cava superior in den rechten Vorhof zurück und von hier hauptsächlich in den rechten Ventrikel hinein. Es verläßt nun das Herz über den Truncus pulmonalis und fließt über den noch offenen Ductus arteriosus (nach BOTALLO auch Ductus BOTALLI genannt) in die Aorta descendens. Dadurch wird der noch nicht lebensnotwendige Lungenkreislauf umgangen. Das Blut des Fetus kehrt nun über die Aorta descendens, die Aa. iliacae internae und deren mächtige Äste, die Aa. umbilicales, zur Plazenta zurück.

Bei der Geburt oder aber kurz danach stellt sich die Blutzirkulation an einigen Stellen des fetalen Blutkreislaufes um, da beim postnatalen Kreislauf das Blut nun in der Lunge und nicht mehr in der Plazenta mit Sauerstoff beladen werden muß. So obliterieren beide Aa. umbilicales und werden zu dem an der Dorsalseite der ventralen Bauchwand beiderseits gut sichtbaren Lig. umbilicale laterale. Die obliterierende V. umbilicalis wird zum Lig. teres hepatis, das am caudalen freien Rand des Lig. falciforme hepatis zu erkennen ist. Der Ductus venosus ARRANTII wird zum Lig. venosum rückgebildet, der Ductus arteriosus BOTALLI zum Lig. arteriosum. Zusätzlich verklebt das Vorhofseptumsegelchen mit dem Septum secundum und verschließt so das Foramen ovale, die Öffnung zwischen den beiden Vorhöfen. Man kann diese kleine Klappe beim Erwachsenen noch als dünne Membran am Boden der Fossa ovalis erkennen.

Die Nabelschnur ist etwa 50–60 cm lang und hat einen Durchmesser von 1–2 cm. Sie enthält bei der Geburt die V. umbilicalis, gewöhnlich 2 Aa. umbilicales und gelegentlich die Allantois, die als Epithelstrang eine Zeitlang erhalten bleiben kann. Der intraembryonale Anteil der Allantois, der vom Harnblasenscheitel zum Nabel zieht, wird zum Urachus und bildet an der Rückwand der ventralen Bauchwand das Lig. umbilicale medianum. Die Nabelschnurgefäße verwinden

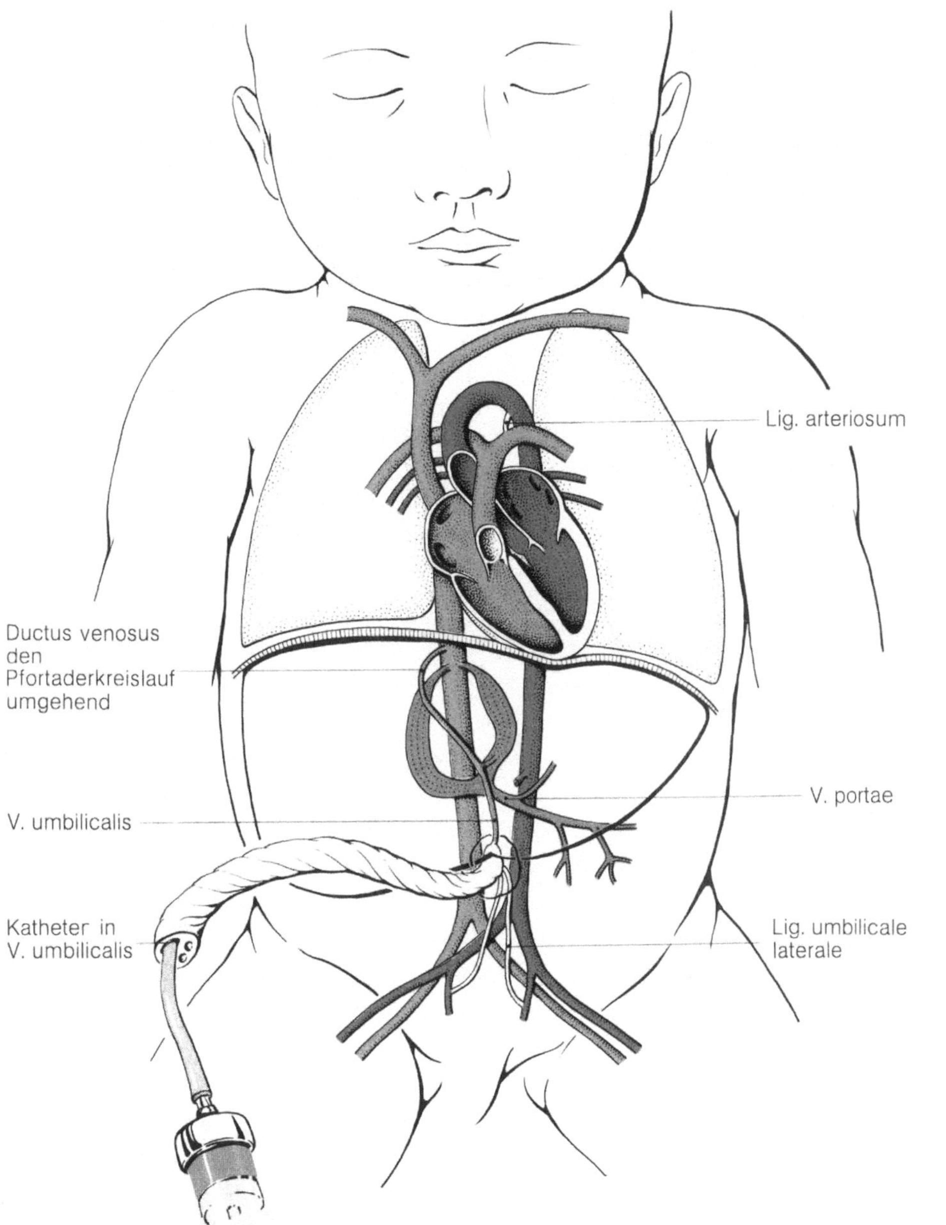

Abb. 38. Postnataler Blutkreislauf

sich untereinander und werden von einer weißlichen, gallertigen Substanz umgeben: der WHARTON'schen Sulze. Diese ist wiederum von einer dünnen Schicht aus Amnionepithel überzogen.

Technik

In pathologischen Fällen, wie z.B. bei einer Rhesus Inkompatibilität kann eine Blutaustauschtransfusion innerhalb weniger Stunden oder Tage nach der Geburt notwendig werden. Der Säugling wird in Rückenlage und in sauberer und warmer Umgebung so fixiert, daß er sich nicht mehr bewegen kann. Das Abdomen wird mit Ausnahme der Nabelgegend abgedeckt. Die Nabelschnur wird etwa 1 cm vor der Hautgrenze durchtrennt und die V. umbilicalis aufgesucht. Gewöhnlich ist sie das kräftigste der drei Gefäße (etwa 7 mm Durchmesser) und liegt am weitesten kranial in der Nabelschnur. Nachdem die kleinen Blutgerinnsel aus ihrem Lumen entfernt worden sind, wird in die V. umbilicalis ein Katheter sanft eingelegt und soweit vorgeschoben, bis man das Blut über eine Spritze ansaugen kann. Ein sanftes Anziehen an der Nabelschnur kann das Vordringen des Katheters auf die gewünschte Tiefe von etwa 5 cm erleichtern. Der Katheter wird nun in seiner Lage gesichert und die Austauschtransfusion kann beginnen.

Respirationssystem

Untersuchung der Nase und Nasentamponade

Anatomie

Man unterscheidet an der Nase die äußere Nase und die Nasenhöhle. Die äußere
Nase wird knöchern von den nasalen Teilen des Os frontale, von den paarigen
Ossa nasalia und von den frontalen Fortsätzen der beiden Maxillae geformt. Der
restliche, biegsame Teil der äußeren Nase wird von hyalinen Knorpelstücken gebildet.

Die Nasenhöhle wird durch ein Septum in zwei meist ungleich große Nasen-
höhlenhälften geteilt, die vorn mit den Nasenlöchern beginnen und hinten über
die Choanen mit dem Nasopharyngealraum in Verbindung stehen.

Das Vestibulum nasi liegt unmittelbar hinter dem Naseneingang. Es ist mit
Haut und kurzen steifen Haaren (Vibrissae) versehen. Die Lateralwand der Nasenhöhle wird von 3 Knochenwülsten geformt, die als Conchae bezeichnet werden.
Zwischen ihnen liegen der obere, mittlere und darunter der untere Nasengang.
In sie münden die Ausführungsgänge der Nasennebenhöhlen und der Ductus nasolacrimalis. Dorsal der Concha nasalis inferior befindet sich die randwallartig einge-
säumte pharyngeale Öffnung der Tuba pharyngo-tympanica (Tuba EUSTACHII).

Die mediale Wand der Nasenhöhlen wird vom knöchernen und knorpeligen
Anteil des Nasenseptums gebildet. Sein Schleimhautüberzug ist sehr reich vaskularisiert. Er wird von den Aa. ethmoidales ant. und post. (Äste der A. ophthalmica
aus der A. carotis int.), von der A. palatina maior (Endast der A. maxillaris), und
der A. labialis superior (aus der A. facialis) versorgt. Im vorderen Bereich des Nasenseptums ist das Kapillarnetz am stärksten ausgeprägt und finden sich auch viele
Anastomosen der Gefäße untereinander. Dieses Gebiet wird als Locus KIESSEL-
BACHII bezeichnet. Nasenbluten im Kindesalter ist zu 90% hier lokalisiert.

Rhinoscopia anterior

Beim Einführen des Nasenspekulums mit der linken Hand (der Zeigefinger liegt
auf dem rechten Nasenflügel), sollte man die Schnauze des Spekulums unbedingt
vom Nasenseptum weg nach lateral halten. So vermeidet man Verletzungen der
Nasenschleimhaut in der Gegend des Locus KIESSELBACHII. Zudem ist das Nasenseptum sehr schmerzempfindlich. Nach vorsichtiger Spreizung des Spekulums
kann man den vorderen Bereich der Nasenhöhle einsehen. Man kann nun fest-

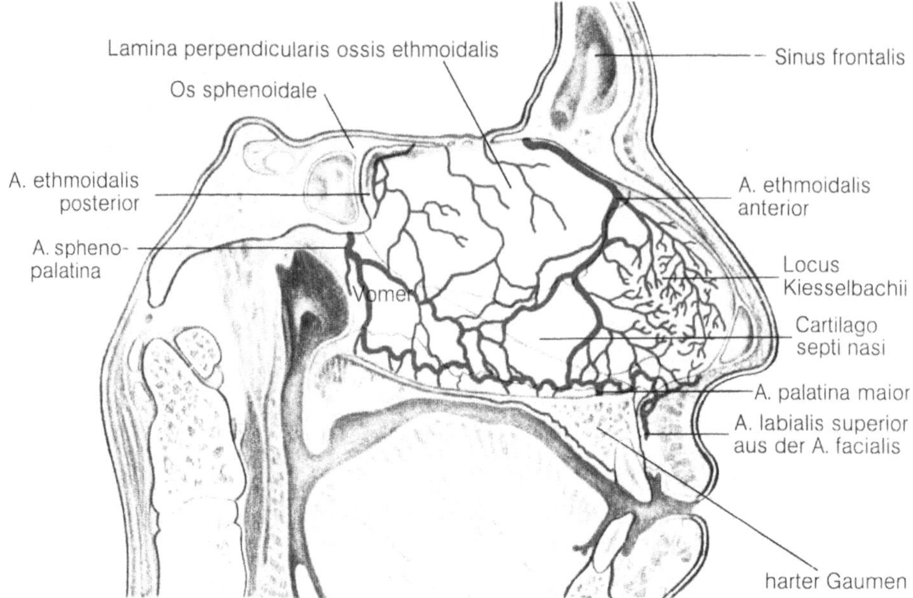

Abb. 39. Arterielle Versorgung des Nasenseptums

stellen, ob Fremdkörper am horizontalen Boden der Nasenhöhle vorhanden sind, oder ob sich irgendwelche pathologischen Veränderungen an den Seitenwänden und am Nasenseptum finden lassen. An den Seitenwänden der Nasenhöhle kann man die mittlere und untere Nasenmuschel gut einsehen. Besonders aufmerksam sollte der mittlere Nasengang betrachtet werden, da hier Polypen, eitrige Entzündungen u.a. vorkommen.

Nach ausgiebiger Anaesthesierung der Schleimhaut kann man bei dorsal flektiertem Kopf mit einem langen Spekulum in den mittleren Nasengang eingehen und die hier vorhandenen Mündungsstellen der Nasennebenhöhlen inspizieren (Rhinoscopia media).

Rhinoscopia posterior

Die Rhinoscopia posterior wird vom Rachen aus durchgeführt. Die Zunge wird mit einem Spatel nach unten gedrückt. Der Patient wird aufgefordert, ruhig durch die Nase zu atmen, wodurch der weiche Gaumen erschlafft. Ein gegen das Beschlagen erwärmter kleiner runder Spiegel wird, ohne Berühren der Uvula, über der Zunge in den Rachenraum eingeführt. Durch Drehen des Spiegels kann man alle Abschnitte des Nasopharyngealraumes (Epipharynx) einsehen: Den Randwulst mit dem die Tuba EUSTACHII beginnt, den dorsalen Abschnitt des Nasenseptums

60

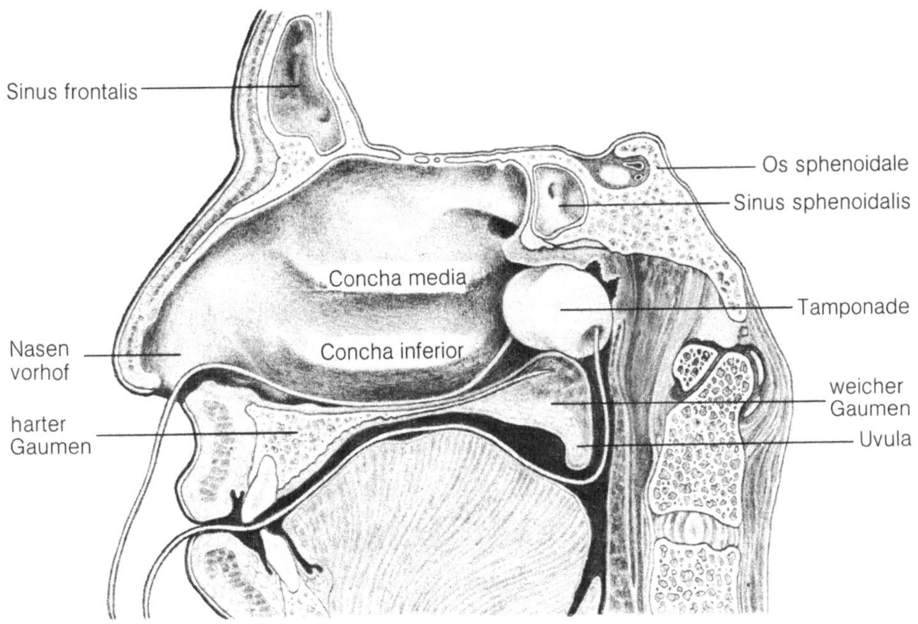

Abb. 40. Medianer Sagittalschnitt durch den Kopf mit hinterer Nasentamponade

(VOMER), die untere und mittlere Nasenmuschel und die Tonsilla pharyngea, die sich am Dach des Nasopharyngealraumes befindet.

Vordere Nasentamponade

Falls ein Nasenbluten nicht durch einfache Hilfsmittel (z.B. Vasenol-Clauden-Watte, Kompression mit einem kleinen Vasenol-Tupfer) zum Stehen gebracht werden kann, muß man, nach Lokalisation der Blutungsstelle, eine vordere Nasentamponade durchführen. Dazu ist zunächst eine ausgedehnte Oberflächenanaesthesie der Nasenschleimhaut notwendig, wobei man versucht, diese soweit nach dorsal auszudehnen, wie möglich. Eine Vasenolgaze-Tamponade wird dann schichtweise vom Nasenboden aufwärts eingelegt und so die Nasenhöhle vollgestopft. Dadurch werden auch die Schleimhautgefäße des Locus KIESSELBACHII komprimiert.

Hintere Nasentamponade

Eine Blutung aus dem Versorgungsbereich der A. palatina maior ist oft nicht mit einer vorderen Nasentamponade zum Stehen zu bringen. In diesen Fällen muß man einen hinteren Nasentampon einführen. Ein weicher, biegsamer dünner Gummikatheter wird hierfür entlang des unteren Nasenganges vorgeschoben, bis er

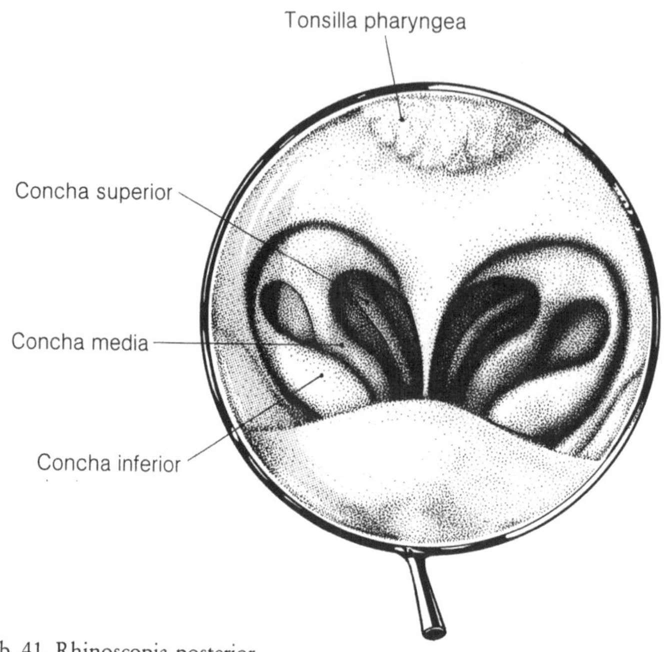

Abb. 41. Rhinoscopia posterior

durch die Choanen und den Epipharynx hinter dem weichen Gaumen wieder erscheint. Der Katheter wird darauf vorsichtig zwischen dem Zäpfchen und dem Schlundbogen zum Mund herausgezogen. An der Spitze des Katheters wird ein dünnes Band befestigt, das nach Ziehen des Katheters durch die Nase liegen bleibt. Ein Vasenoltampon wird an dem liegenden Bändchen befestigt und kann nun durch den Mund zum Nasopharyngealraum gezogen werden. Oberhalb des weichen Gaumens wird er fest fixiert gehalten.

Wichtig

1. Fremdkörper können am Nasenboden verborgen liegen.
2. Die untere Nasenmuschel darf nicht mit einem Polypen verwechselt werden.
3. Ein Nasenbluten, das mit Tamponaden nicht mehr beherrscht wird, kann eine Arterienligatur notwendig machen. Beachte, daß die Kapillarnetze des Locus KIESSELBACHII sowohl von Ästen der A. carotis interna als auch von Zweigen der A. carotis externa gespeist werden.
4. Eine hintere Nasentamponade kann über die Reizung des N. glossopharyngeus zu Würgereflexen führen.

Endotracheale Intubation
Indirekte Laryngoskopie

Anatomie

Einen endotrachealen Tubus kann man vom Mund und von der Nase her einführen. Im Notfall wird die direkte Laryngoskopie durch die Mundhöhle bevorzugt, da sie unter Sicht des Auges erfolgt. Eine indirekte Laryngoskopie ist eine Kehlkopfspiegelung. Mit Hilfe dieser Technik kann man den mittleren (Mesopharynx = Oropharynx) und den unteren Pharynxabschnitt (Hypopharynx = Laryngopharynx) einsehen. Die Beschreibung der anatomischen Verhältnisse ist deshalb nicht nur auf den Larynx beschränkt worden.

Die Epiglottis ist syndesmotisch an der Innenseite des Schildknorpels befestigt. Sie erhebt sich am Zungengrund als dünner elastischer Knorpeldeckel, der hinter dem Zungengrund schräg nach hinten hochsteht und den Zugang zum Kehlkopf bewacht. Die Vorderseite der Epiglottis ist mit der Zunge über zwei laterale und eine mediane Plica glossoepiglottica verbunden. Zwischen ihnen liegen schmale Vertiefungen, die Valleculae glossoepiglotticae. Die Rückseite der Epiglottis ist genarbt und hat im unteren Teil eine leichte Erhöhung, das Tuberculum epiglotticum. Beim Schlucken hilft der Kehldeckel mit, den Zugang zum Kehlkopf zu verschließen. Eine operative Entfernung oder eine Zerstörung der Epiglottis durch einen krankhaften Prozeß verhindert nicht unbedingt das Schluck-, Sprech- oder Respirationsvermögen.

Von den beiden Seitenrändern der Epiglottis erstreckt sich eine Schleimhautfalte zur Dorsalseite der beiden Aryknorpel (Stellknorpel). Diese Plicae aryepiglotticae bilden die laterale obere Begrenzung des Kehlkopfbinnenraumes und stellen eine wichtige Schutzvorrichtung für den Larynx und damit auch für den Bronchialbaum dar. Der Dorsalrand der Plicae aryepiglotticae wird von den Tubercula corniculata und cuneiformia geprägt. Die entsprechenden Kehlkopfknorpelchen liegen in der Schleimhautfalte eingebettet. Zwischen Epiglottis und Plicae aryepiglotticae einerseits und Cartilago thyroidea (Schildknorpel) und Membrana thyrohyoidea andererseits befindet sich der Recessus piriformis.

Der Kehlkopfbinnenraum reicht vom Kehlkopfeingang bis zum Unterrand der Cartilago cricoidea (Ringknorpel), an dem die Trachea beginnt. Der Larynx wird durch zwei Faltenpaare, welche sich von beiden Seiten ins Lumen vorwölben, in drei Stockwerke gegliedert. Die beiden oberen Falten sind lockere Schleimhaut-

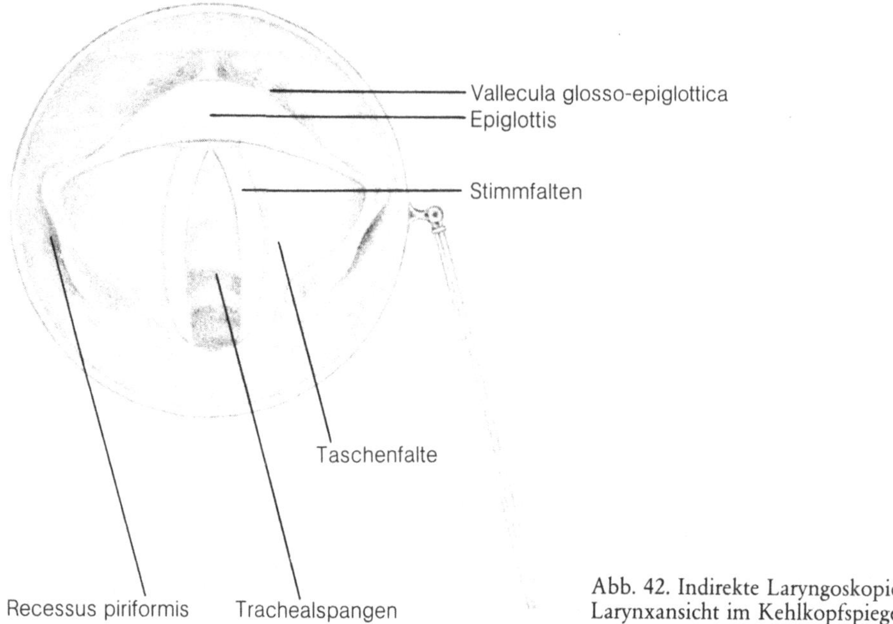

Abb. 42. Indirekte Laryngoskopie.
Larynxansicht im Kehlkopfspiegel

wölbungen und werden als Plicae ventriculares (»falsche Stimmbänder«) bezeichnet. Die beiden unteren sind die Plicae vocales (»echte Stimmbänder«). Zwischen den beiden Faltenpaaren befindet sich der Ventriculus laryngis. Die »falschen« und »echten« Stimmbänder vervollständigen mit den Plicae aryepiglotticae den Schutzmechanismus für den Kehlkopf und den Bronchialbaum.

Die Ligg. vocalia reichen dorsal von den Tubercula anteriora der Aryknorpel nach vorne zur Innenseite des Schildknorpelwinkels. Die Stellung der Ligg. vocalia ändert sich bei Respiration und Phonation. Die Spalte zwischen den Ligg. vocalia wird als Rima glottidis bezeichnet. Sie verändert sich in ihrer Größe bei der Phonation, ähnlich der Pupille bei der Akkomodation. Die Kehlkopfmuskeln, die die Stellung der Stimmbänder bestimmen, werden bis auf eine Ausnahme vom N. laryngeus inferior versorgt. Nur der M. cricothyroideus wird vom R. externus des N. laryngeus superior innerviert. Der N. laryngeus inferior führt auch sensible Fasern von der Kehlkopfschleimhaut unterhalb der Ligg. vocalia mit sich. Für die Sensibilität oberhalb der Stimmbänder ist der R. internus des N. laryngeus superior zuständig. Hustenreflexe, die in dieser Gegend ausgelöst werden können, sind ein zusätzlicher Schutzmechanismus gegen das Eindringen von Fremdkörpern, die sonst in den Bronchialbaum gelangen würden.

In Höhe des Ringknorpelunterrandes (das entpricht beim Erwachsenen dem 6., beim Säugling dem 4. Halswirbelkörper) beginnt die Trachea. Sie endet, leicht rechts neben der Körpermedianen, an der Bifurkation der Trachea in Höhe des 4. Brustwirbelkörpers. Die Lage der Bifurcatio tracheae ist ebenfalls altersabhängig. Beim Säugling entspricht sie Th 2, beim Greis Th 6 bis 7. Die Trachea teilt sich

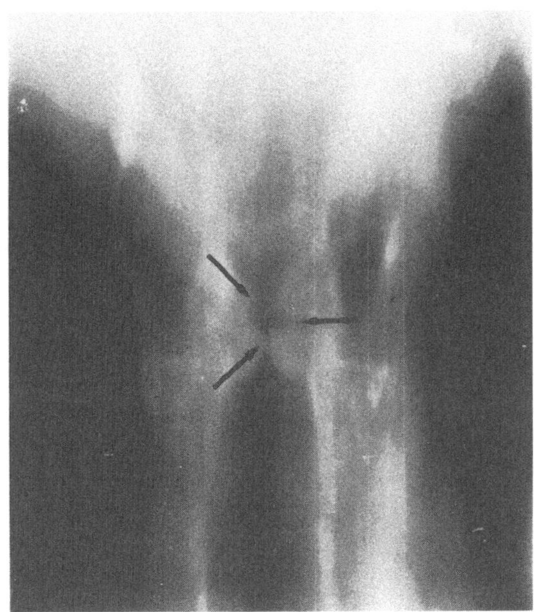

Abb. 43. Kehlkopftomogramm während einer „ee"-Phonations-stellung.
(↘) Plica ventricularis, (↗) Plica vocalis = Stimmband, (←) Recessus ventricularis

in einen rechten und linken Stammbronchus auf, wovon der rechte kürzer, im Lumen weiter und weniger stark von der Trachea abgewinkelt ist als der linke. Beim Erwachsenen beträgt die Länge der Trachea gewöhnlich 10–12 cm, ihr Durchmesser 1,1–1,3 cm. Die mögliche Längsdehnung der Trachea beträgt bei dorsal flektiertem Kopf bis zu 4 cm, dies ist beim Liegenden ausgeprägter als beim stehenden Menschen. Besonders dehnbar ist das mittlere Verlaufsstück der Trachea. Die Luftröhre ist ein membranöser Schlauch, der von 15–20 hufeisenförmigen, hyalinen Knorpelspangen gefestigt wird, wobei die Knorpelspangen nach dorsal zu offen sind. Die Lücke wird von kollagenem Bindegewebe, glatter Muskulatur (M. transversus tracheae) und viel elastischem Bindegewebe gefüllt. Die letzte hyaline Knorpelspange der Trachea wird als Carina tracheae bezeichnet.

Endotracheale Intubation

In der Notfallsituation wird der Patient in Rückenlage bei maximal dorsalflektiertem Kopf gelagert. Dadurch wird der Zugang zum Larynx erleichtert und die Trachea in der Longitudinalrichtung angespannt. Es hat aber auch den Nachteil, daß der Abstand von den Schneidezähnen zur Stimmritze vergrößert wird. Falls mehr Zeit für die Intubation zur Verfügung steht, ist sie leichter durchzuführen, wenn man ein kleines Kissen unter den Nacken schiebt. Dadurch erreicht man nämlich bei der Dorsalflexion des Halses gleichzeitig eine Streckung in der Articulatio atlanto-occipitalis. Normalerweise kann man nur über eine rechtwinklige Krümmung

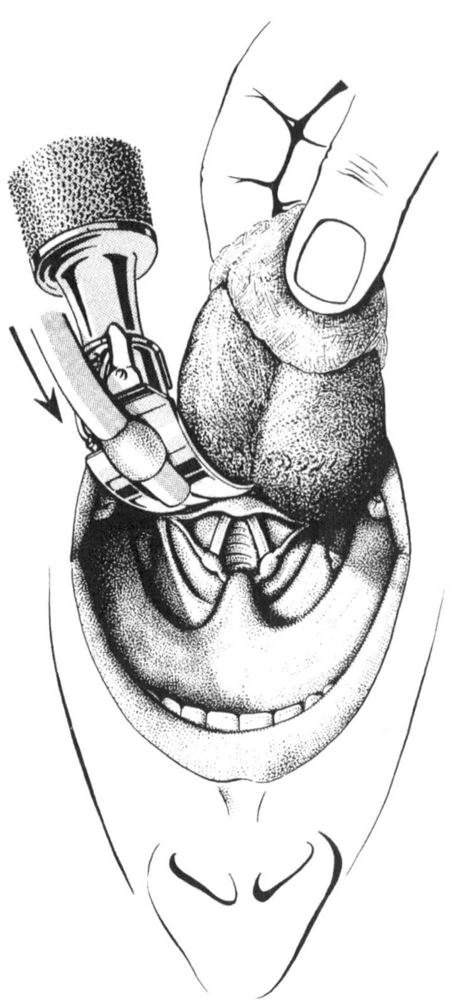

von den Schneidezähnen über den Pharynx in die Trachea gelangen. Diese Krümmung wird durch die maximale Dorsalflexion des Halses ausgeglichen. Ein eventuell vorhandenes künstliches Gebiß muß dem Bewußtlosen herausgenommen
werden. Nun nimmt man das Laryngoskop in die linke Hand und drückt es von
der rechten Mundwinkelseite her auf die Zungenmitte herunter. Der Mundwinkel
wird als Ausgangspunkt gewählt, da Backenzähne sehr viel weniger leicht abgebrochen werden können als Schneidezähne. Die Zunge wird durch den Laryngoskop-
spatel nach links abgedrängt. Der Spatel gleitet auf der Zunge vorsichtig zwischen
den Gaumenbögen und lateral der Uvula nach caudal. Die Epiglottis kommt nun
ins Blickfeld und die Spitze des Spatels schiebt sich in die Vallecula glossoepiglottica hinein. Das Laryngoskop wird nun in der Stellung belassen. Mit der frei gewor-
denen linken Hand zieht man die Zunge und damit indirekt auch die Epiglottis

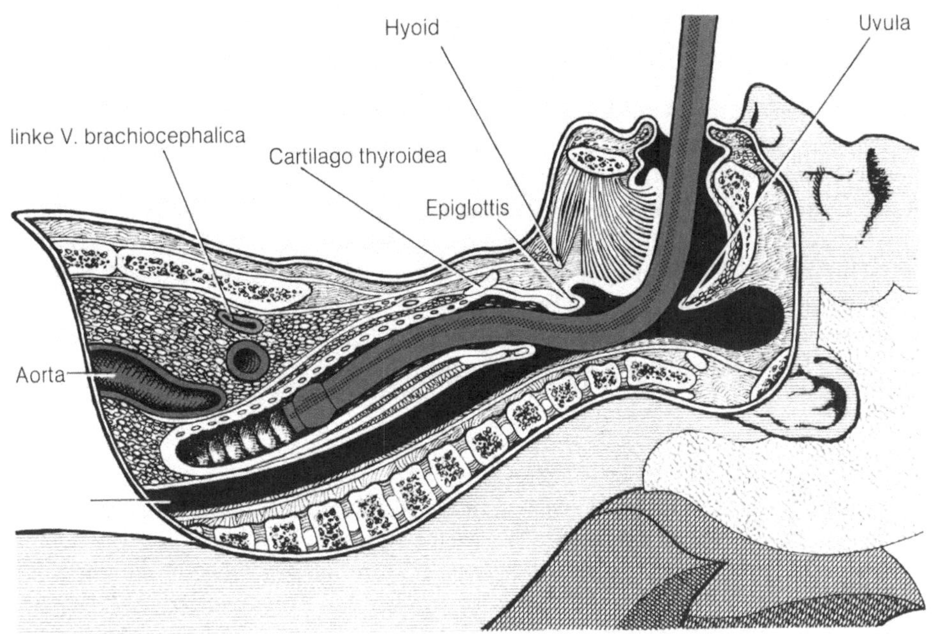

▲
Abb. 45. Medianer Sagittalschnitt.
Endotracheale Intubation in situ

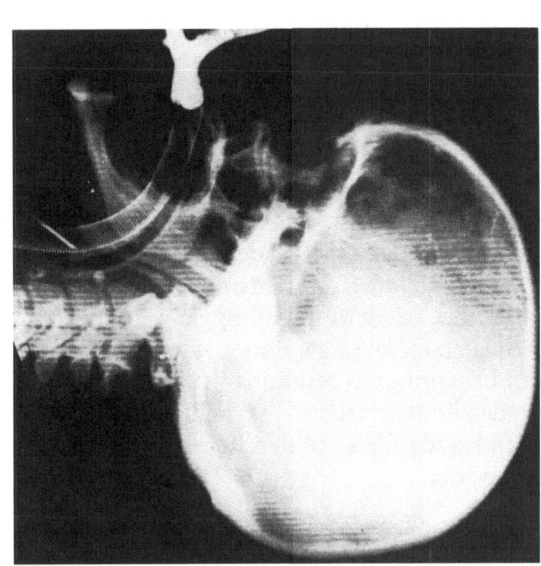

Abb. 46. Seitliche Schädel- und
HWS-Röntgenaufnahme eines
Patienten mit endotrachealer Intu-
bation. Bei dem Patienten wurde ein
Carotisangiogramm gemacht

nach vorn. Die glänzenden Ligg. vocalia werden sichtbar. Jetzt wird der Endotrachealtubus an der Führungsleiste des Larygoskopspatels entlang zwischen den Stimm-
bändern in die Trachea eingeführt.

Beim Erwachsenen beträgt die Entfernung zwischen den Schneidezähnen und
der Bifurkation der Trachea etwa 25 cm. Der Kliniker weiß jedoch aus Erfahrung,
daß die Distanz beträchtlichen Schwankungen unterliegt und abhängig ist von der

Kopf- und Halshaltung, und daß die Trachea atemsynchrone Längenveränderungen mitmacht. Sie beeinflussen auch das Lumen der Trachea. Kaliber und Länge des Endotrachealtubus sind deshalb bei jedem Patienten individuell zu wählen. Die Distanz vom Oberrand des Ohres bis 4 cm unterhalb des caudalen Schildknorpelrandes gilt am Patienten als ganz brauchbare Richtlinie für die benötigte Tubuslänge. Das entspricht beim Erwachsenen einer Tubuslänge von etwa 20-22 cm. Wird ein zu langer Tubus genommen, so gleitet er gewöhnlich in den rechten Stammbronchus hinein. Bläht man dann die abdichtende Ballonmanschette auf, so wird der Zugang in den linken Stammbronchus verlegt, die linke Lunge kollabiert. Man sollte deshalb nach einer Intubation auf gleichmäßige atemsynchrone Thoraxbewegungen achten und die Lungen auskultieren.

Indirekte Laryngoskopie

Der Patient soll bequem sitzen. Man zieht seine Zunge mit einem Läppchen möglichst weit nach vorne heraus und führt einen erwärmten Kehlkopfspiegel zwischen Uvula und Gaumenbogen ein. Dabei sollte man möglichst nicht an die Pharynxwand anstoßen. Man erkennt im Spiegel zunächst den Zungengrund und die Vorderseite der Epiglottis. Hat man den Kehlkopfeingang im Spiegel, wird der Patient aufgefordert, ein helles »eee« zu sprechen. Dadurch wird der Kehlkopf gehoben und die Ligg. vocalia werden sichtbar. Noch sind die Stimmlippen geschlossen. Sobald der Patient jedoch zu sprechen aufhört, wird die Stimmritze erweitert und man erkennt in der Tiefe die oberen Trachealspangen. Nach einer raschen ersten Übersicht sucht man bestimmte Einzelstrukturen auf. Besonders wichtig ist die genaue Betrachtung der Ligg. vocalia und ihrer Bewegungen. Die Plicae ventriculares erkennt man als rosa Schleimhautfalten, während die Plicae vocales als weißliche Falten sichtbar sind, da sie von keiner Submucosa unterfüttert sind. Die Ligg. vocalia erscheinen medial der Plicae ventriculares, liegen aber natürlich eine Ebene tiefer. Ein geringes Stimmbandspiel tritt atemsynchron auf, so erweitert sich die Stimmritze bei der Einatmung. Physiologischerweise sind die Stimmbänder leicht nach lateral konvex gekrümmt. Bei der Recurrensparese (Ausfall des N. laryngeus inf.) bekommt das Stimmband wegen der eingelagerten elastischen Fasern einen geraden Kantenverlauf. Zum Schluß der indirekten Laryngoskopie sollte man noch einen kurzen Blick auf den Recessus piriformis und die Valleculae glosso-epiglotticae werfen.

Wichtig

1. Vor der Intubation künstliches Gebiß beim Patienten herausnehmen! Die Zähne schonen. Es kommt vor, daß durch das Laryngoskop locker sitzende Zähne ausgestoßen oder abgebrochen werden. Es besteht die Gefahr, daß sie aspiriert werden.
2. Eine mechanische Reizung von Epiglottis oder Larynx kann zum Laryngospasmus führen.

3. Speiseröhreninhalt könnte bei der Einleitung der Narkose in den Kehlkopf gelangen. Man kann durch sanften Druck gegen den Ringknorpel den dahinter liegenden Oesophagus komprimieren und damit dieses Risiko verringern.
4. Bei Verwendung eines zu langen Endotrachealtubus wird ein Bronchus intubiert.
5. Auch wenn man sich bei einer indirekten Laryngoskopie beeilen muß, die Inspektion des Recessus piriformis und der Valleculae glosso-epiglotticae nicht vergessen. Sie könnten ebenfalls krankhaft verändert sein oder Fremdkörper beherbergen.

Laryngotomie – Tracheotomie

Anatomie

Laryngotomie und Tracheotomie sind Notfalloperationen, die bei akuter Verlegung der Atemwege oberhalb oder im Bereich der Stimmritze lebensrettend sind. Eine Tracheotomie kann auch notwendig werden, wenn über längere Zeit künstlich beatmet werden muß oder wenn die Atmung stark behindert ist.

Die Anatomie des Larynx und der Trachea ist im vorigen Kapitel beschrieben worden. Hier soll deshalb nur auf den vorderen, unterhalb der Stimmritze gelegenen Zugangsweg zu den beiden Organen eingegangen werden.

Auf der Vorderseite des Halses befindet sich unter der Haut das Platysma mit dem unmittelbar darunter und zwischen den Muskelfasern liegenden oberflächlichen Blatt der Halsfascie und der V. iugularis anterior. Die Lamina superficialis der Fascia colli umgibt kragenartig die Halsmuskulatur. Unter dieser Fascie sind die infrahyoidalen Muskeln ausgespannt, die vorn am Hals vom Hyoid oder der Cartilago thyroidea ausgehen und am Sternum oder Scapula enden. Sie werden von der Lamina praetrachealis der Fascia colli überzogen. Von ihr spaltet sich ein Teil ab, der die Schilddrüse als Capsula externa umhüllt. Sie beginnt oben an der Linea obliqua des Schildknorpels, an der Rückseite der Fascienhüllen der Mm. sternothyroidei und am Bogen des Ringknorpels. Als Capsula externa überzieht sie dann die Schilddrüse, um sich caudalwärts den Vv. thyroideae inf. anzulegen. In Höhe der Bifurcatio tracheae strahlt sie in die Rückwand des Pericards ein. Diese Fixpunkte der Fascienabspaltung sind der Grund für die schlucksynchronen Bewegungen der Schilddrüse.

Man könnte die Schilddrüse nach Form und Lage mit der Schleife einer »Fliege« vergleichen. Der Isthmus der Glandula thyroidea überquert normalerweise die Trachea in Höhe des zweiten bis dritten Trachealknorpels. Die beiden Schilddrüsenlappen liegen unter den Mm. sternothyroidei und schmiegen sich eng an die Trachea an. In unmittelbarer postero-lateraler Nachbarschaft zur Schilddrüse befindet sich die Gefäß-Nerven-Scheide des Halses. Die Glandula thyroidea wird außerordentlich reich durchblutet. Der obere Bereich des Organs wird von der A. thyroidea sup. aus der A. carotis externa, der untere von der A. thyroidea inf. über den Truncus thyrocervicalis aus dem Beginn der A. subclavia versorgt. In 8–10% kommt eine A. thyroidea ima vor. Die Arterien anastomosieren an der Oberfläche, besonders aber in der Tiefe der Drüse untereinander. Der venöse Abfluß der Schilddrüse erfolgt beidseits über die V. thyroidea sup., V. thyroidea

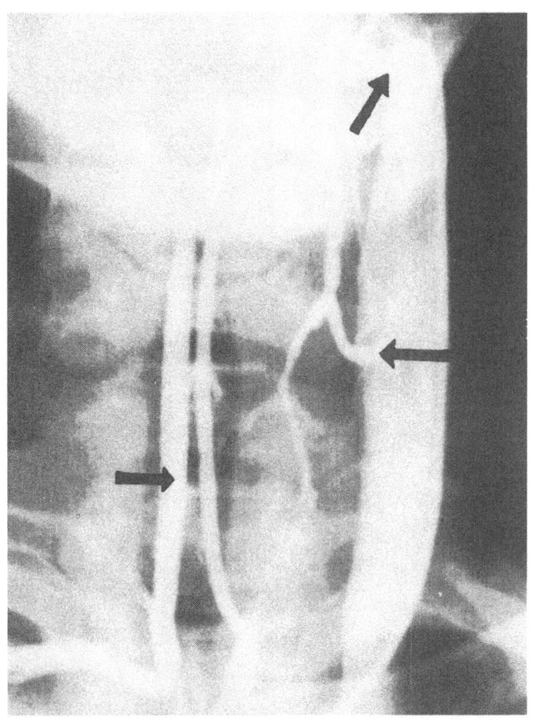

Abb. 47. Darstellung der Halsvenen
über einen linken Jugularis Katheter.
(→) Vv. iugulares anteriores, die
Trachea überlagernd; (←) V.
thyroidea media, (↗) V. thyroidea
superior

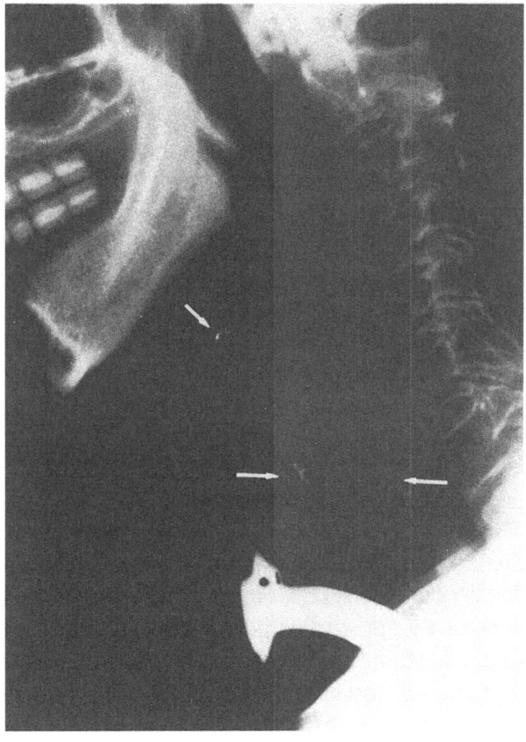

Abb. 48. Weiche laterale Röntgenaufnahme des Halses bei einem
Patienten mit Tracheotomiekanüle.
Die kalzifizierten Kehlkopfknorpel
sind mit weißen Pfeilen markiert.
(↘) Hyoid, (→) Cartilago
thyroidea, (←) Cartilago
cricoidea

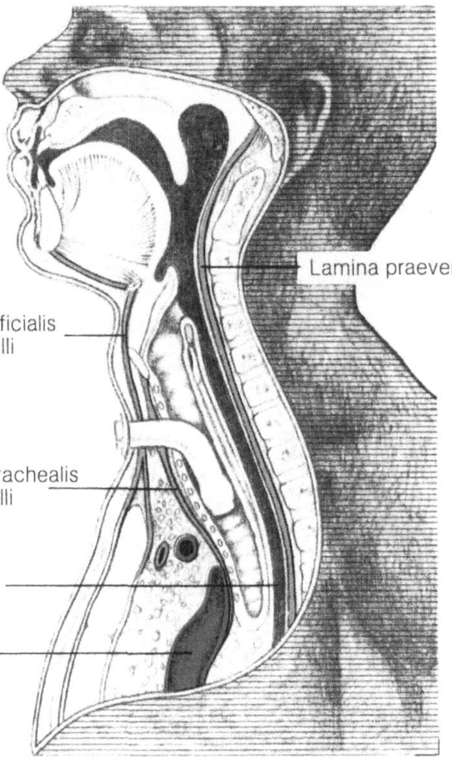

Abb. 49. Medianer Sagittalschnitt. Tracheotomiekanüle in situ

inf. und über die in der Medianen vom Isthmus caudalwärts verlaufende, konstante V. thyroidea ima. Sie bildet mit den Vv. thyroideae inf. den Plexus thyroideus impar, der bei der Tracheotomia inferior besonders beachtet werden muß.

Zur Orientierung in der Regio colli media ist vom Kehlkopfskelet palpierbar: oben die Cartilago thyroidea mit der besonders beim Mann deutlich vorspringenden Prominentia laryngea (Adamsapfel) und unten die Cartilago cricoidea. Die beiden Knorpel werden vorn durch die Mm. cricothyroidei und das dahinter befindliche Lig. cricothyroideum miteinander verbunden. Über das Lig. cricotracheale ist der Ringknorpel mit der ersten Trachealspange befestigt.

Laryngotomie (Koniotomie)

Die Laryngotomie ist ein Notfalleingriff und muß so bald wie möglich durch eine Tracheotomie ersetzt werden. Der Patient liegt in Rückenlage bei dorsalflektiertem Hals. Der Kopf wird gerade gehalten. Diese Stellung läßt die Orientierungspunkte für den Notfalleingriff besonders deutlich hervortreten. Man sucht die Prominentia laryngea auf und gleitet mit dem Finger caudalwärts bis man den Bogenanteil des Ringknorpels als festen, etwa 0,6 cm breiten Ring fühlt. Zwischen dem Unterrand

72

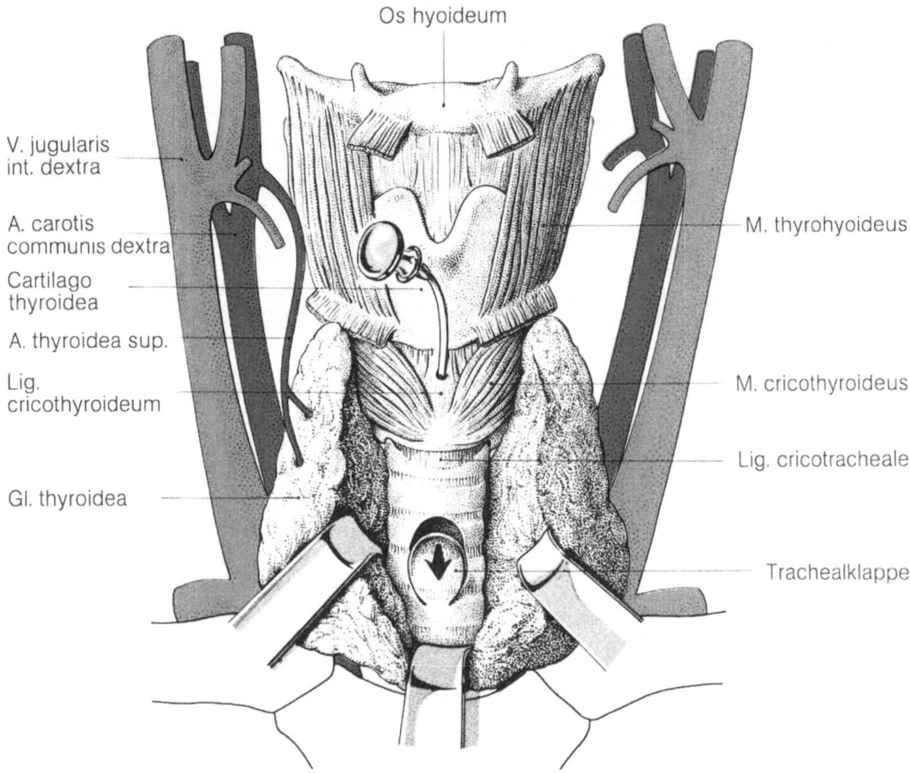

des Schildknorpels und dem Oberrand des Ringknorpelbogens ist das Lig. crino-
thyroideum ausgespannt. Im Bereich der Körpermedianen ist es etwa 0,8 cm hoch,
bei maximaler Dorsalextension des Kopfes auf 1,4 cm dehnbar. Die Haut über
dem Band wird mit den Fingern der linken Hand gespannt. Mit einer möglichst
weiten Kanüle oder mit einem feinen Messer wird nun durch die Haut eingegangen. Die Kanüle dringt durch das oberflächliche und mittlere Blatt der Halsfascie
vor, durchbohrt das Lig. cricothyroideum und dringt etwa 1 cm caudal der Stimmritze in den Larynx ein. Das Lig. cricothyroideum wird als derber Widerstand gespürt. Benutzt man ein feines Messer, so muß man die Klinge um 90° drehen,
wenn ein ausreichender Luftweg erreicht werden soll. Unbedingt den Ringknorpel
schonen. Die Koniotomie wird heute fast nicht mehr durchgeführt.

Tracheotomie

Auch im Notfall sollte dieser Eingriff von einem Chirurgen vorgenommen werden.
Die Laryngotomie ist für den Ungeübten die weitaus sicherere und leichtere Metho-
de. Eine rechtzeitig durchgeführte Tracheotomie ist grundsätzlich dem hastigen
Notfalleingriff vorzuziehen.

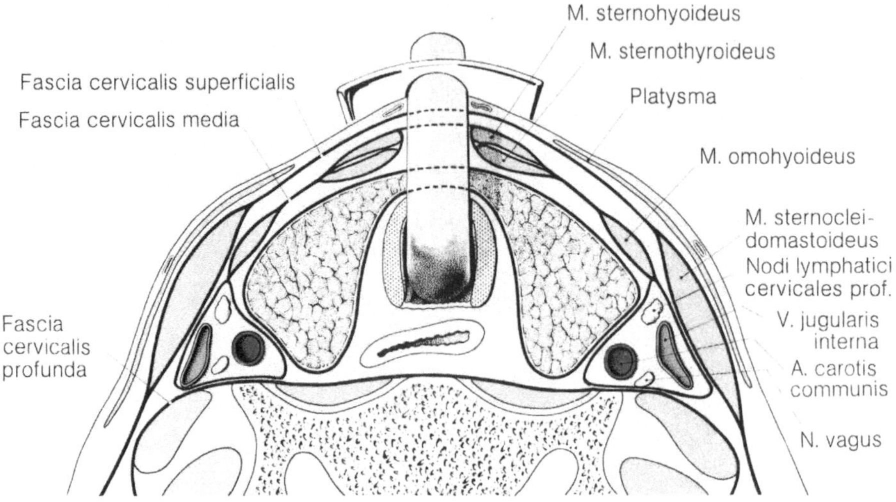

Abb. 51. Horizontalschnitt in Höhe von C7. Tracheotomie-Tubus in situ

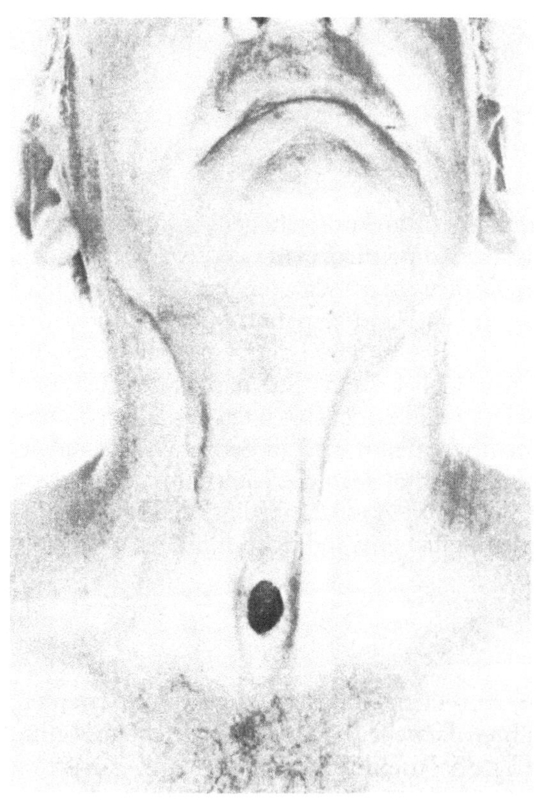

Abb. 52. Permanentes Tracheo-stoma

Man unterscheidet zwischen einer Tracheotomia superior und inferior. Bei der oberen Tracheotomie wird oberhalb des Schilddrüsenisthmus (in Höhe der 2.–4. Trachealspange), bei der unteren Tracheotomie unterhalb des Isthmus (in Höhe der 6.–7. Trachealspange) die Trachea eröffnet. Die Tracheotomia superior ist technisch leichter als die Tracheotomia inferior. Bei der oberen erreicht man beim Erwachsenen die Trachea schon nach etwa 1,2 cm, bei der unteren erst nach etwa 2,3 cm. Zusätzlich ist bei der Tracheotomia inferior auf den Plexus thyroideus impar besonders zu achten. Dafür liegt die Kanüle bei der Tracheotomia inferior besser.

Der Patient wird mit zurückgebeugtem Kopf gelagert, die Prominentia laryngea und der Arcus cricoideus werden palpiert. Für die technisch einfachere Tracheotomia superior wird vom Unterrand des Ringknorpels aus ein 4–5 cm langer Längsschnitt in der Mittellinie in Richtung Incisura iugularis sterni gelegt. Aus kosmetischen Gründen kann auch eine quere Incision in der Mitte zwischen Ringknorpel und oberem Sternalrand gewählt werden.

Die subcutanen Vv. iugulares anteriores bleiben lateral liegen oder lassen sich nach lateral abdrängen, wenn man genau in der Mittellinie bleibt. Gelingt dies bei der einen oder anderen nicht, wird sie unterbunden. Eventuell vorhandene kreuzende Platysmafasern werden durchtrennt. Das oberflächliche Blatt der Halsfascie wird in der Medianen längs incidiert. Man geht in der Längsraphe zwischen den infrahyoidalen Muskeln ein und drängt die Muskeln nach lateral ab. Der vom mittleren Blatt der Halsfascie eingescheidete Isthmus der Schilddrüse liegt jetzt vor uns. Ein Häkchen wird am Unterrand des Ringknorpels angesetzt und dieser nach ventro-kranial gezogen. Der Isthmus der Schilddrüse wird mitsamt den hier oft vorhandenen Quervenen nach caudal abgedrängt. Die Trachea wird mit Trachealhäkchen festgehalten und jede Blutung gestillt. Zwischen der 2. und 4. Trachealspange wird die Trachea längs incidiert oder eine nach unten zu U-förmige Trachealklappe angelegt, die nach caudal an der Haut fixiert wird. Die Trachealkanüle wird durch die entstandene Öffnung eingeführt. Auf luftdichten Sitz der Kanüle muß geachtet werden. Zum Schluß legt man die Wunde mit Gaze aus.

Wichtig

1. Immer in der Mittellinie bleiben.
2. Bei Kindern können die linke V. brachiocephalica und der Thymus noch über die Incisura iugularis sterni heraufreichen.
3. Bei der Laryngotomie wegen Gefährdung der Stimmbänder die Kanüle nicht kranialwärts richten.
4. Die Fascienverhältnisse am Hals begünstigen nach Operationen am Hals (besonders nach zu lockerer Naht) die Ausbreitung eines subcutanen Emphysems. Dies kann sich bis ins Mediastinum ausbreiten. Eine vorbeugende Intubation verringert dieses Operationsrisiko.
5. Bei der Incision in die Trachea nicht zu forsch vorgehen, der Oesophagus ist unmittelbar hinter ihr.

Lagerungsdrainage der Lunge

Anatomie

Beim Erwachsenen beginnt die Trachea am Ende des Ringknorpels (C6) und endet in Höhe des Angulus sterni (Th4) an der Bifurcatio tracheae (Carina tracheae). Beim Lebenden verändern sich Lage, Größe und Form der Trachea geringfügig beim Atmen und Schlucken. Die Trachea ist beim Erwachsenen etwa 12 cm lang. Sie hat einen Durchmesser von 1,1–1,3 cm. Der Abstand von den Schneidezähnen bis zur Bifurkation beträgt ungefähr 25 cm. Obwohl die Trachea bei normaler Halshaltung schon in der Longitudinalrichtung unter Zugspannung steht, läßt ihr elastischer Wandbau noch eine weitere Dehnung um 25–30 % zu. Dies wird bei der Dorsalflexion von Hals und Kopf ausgenutzt.

Die Luftröhre ist ein fibroelastischer Schlauch, der durch 15–20 hufeisenförmige, hyaline Knorpelspangen gefestigt wird. Der von den Knorpelspangen auf der Dorsalseite der Trachea offen gelassene Spalt wird von fibroelastischem Bindegewebe und glatter Muskulatur geschlossen. Die letzte Knorpelspange der Trachea ähnelt in ihrer Form einer Badehose. Die Carina tracheae, die die Stammbronchien voneinander trennt, entspricht dem Steg der Badehose. Die Aufzweigung der Trachea in die beiden Stammbronchi erfolgt beim Erwachsenen in einem Winkel von 55–65 Grad, bei Kindern beträgt er 70–80 Grad. Der rechte Stammbronchus erscheint als direkte Fortsetzung der Trachea. Er ist kürzer, im Lumen weiter und mehr vertikal ausgerichtet als der linke. Der rechte Stammbronchus hat eine Länge von 3 cm bei einem Durchmesser von 0,9 cm, der linke ist 4–5 cm lang bei einer lichten Weite von etwa 0,75 cm.

Der rechte Stammbronchus gibt schon nach kurzem Verlauf am Lungenhilus den Oberlappenbronchus ab, weiter distal den Mittel- und Unterlappenbronchus. Diese teilen sich weiter in Segmentbronchi auf, die für bestimmte, funktionelle Lungenabschnitte zuständig sind: die bronchopulmonalen Lungensegmente. Bronchopulmonale Lungensegmente haben ein pyramidenförmiges Aussehen. Die Spitze der Pyramide ist auf den Lungenhilus zu gerichtet, die Basis zur Außenseite der Lunge. Sie werden von einem Segmentbronchus, einer A. pulmonalis (funktioneller Kreislauf) und einer A. bronchialis (nutritiver Kreislauf) versorgt. Die Zahl der Arterien ist jedoch größer als die Zahl der Segmentbronchi. Der Abfluß des arterialisierten Blutes aus den bronchopulmonalen Segmenten erfolgt über die intersegmental verlaufenden Vv. pulmonales. Die Lage der bronchopulmonalen Segmente ist aus den nebenstehenden Abbildungen (Abb. 54) ersichtlich.

Abb. 53. Bronchialbaum

Oberlappen	1. Apical
	2. Posterior
	3. Anterior
	Mittellappen
	4. Lateral
	5. Medial
	Lingula
	4a. Superior
	5a. Inferior
Unterlappen	6. Apical-basal
	7. Medio-basal
	8. Antero-basal
	9. Latero-basal
	10. Postero-basal

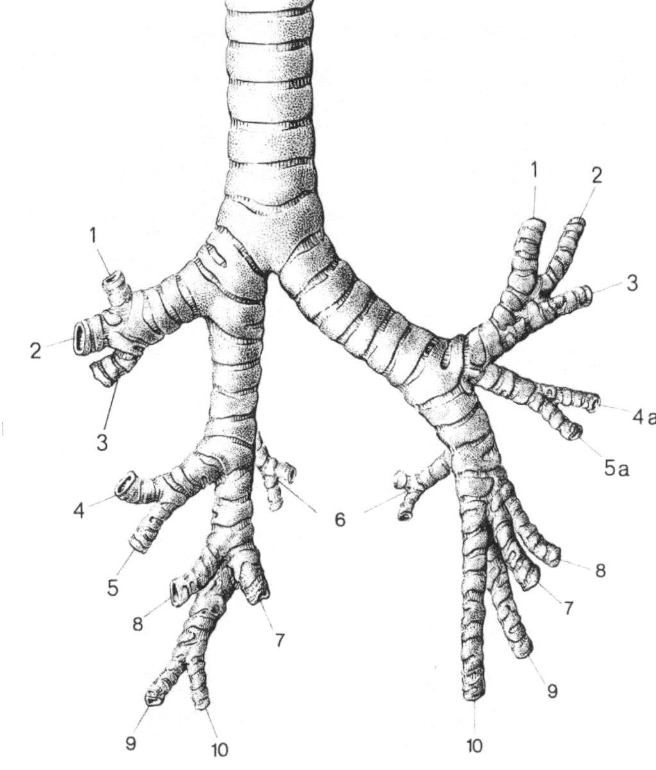

Abb. 54. Bronchopulmonale Segmente

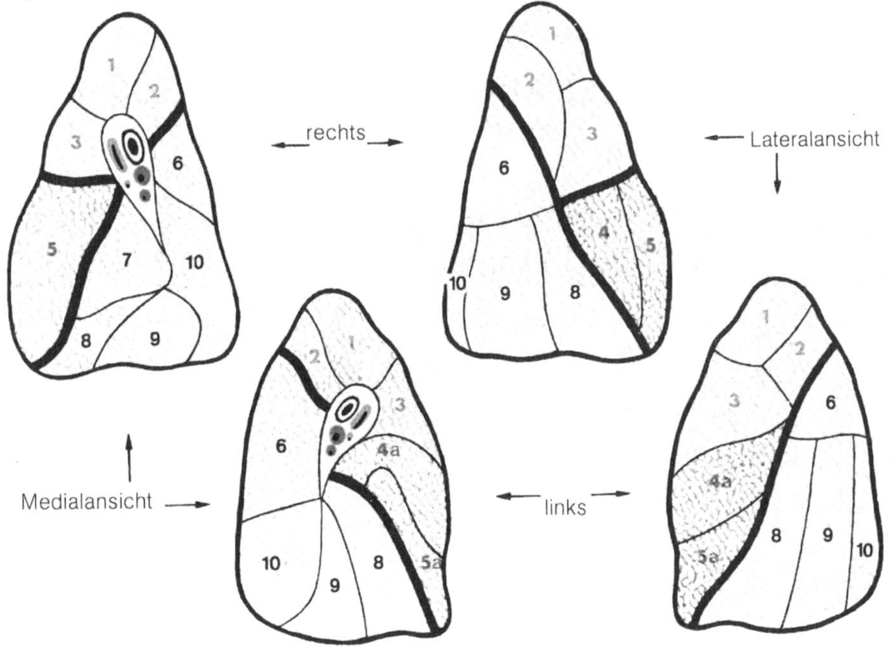

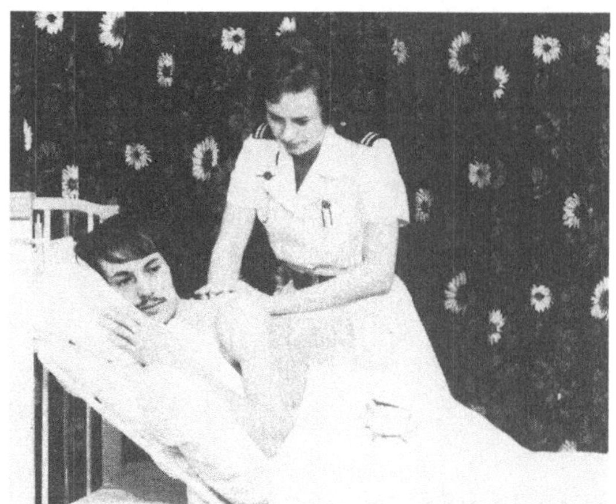

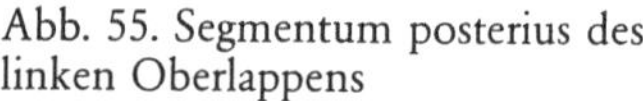

Abb. 55. Segmentum posterius des
linken Oberlappens

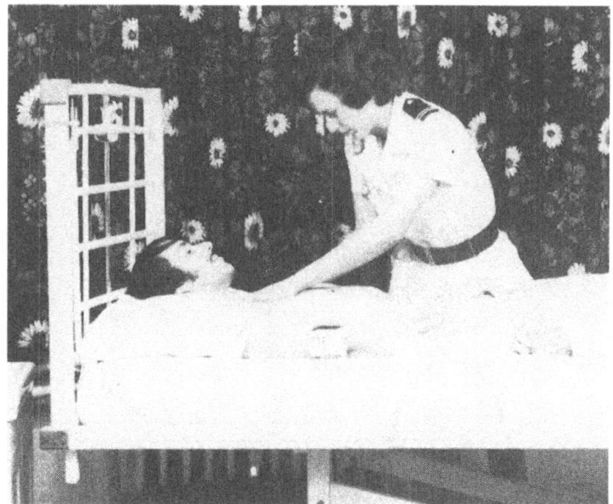

Abb. 56. Segmentum anterius
beider Oberlappen

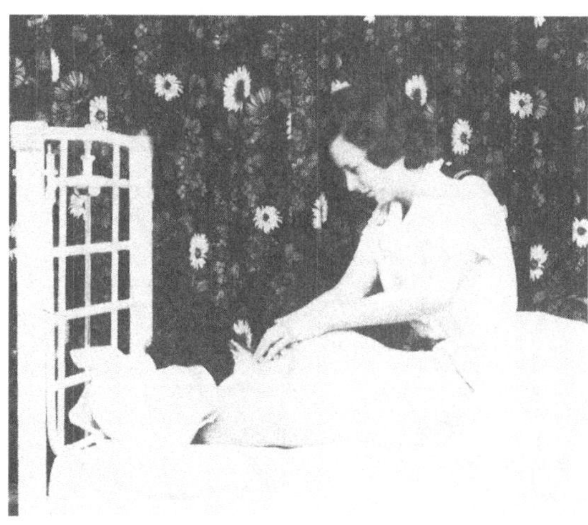

Abb. 57. Segmentum posterius des
rechten Oberlappens

Abb. 58. Lingulasegmente des
linken Oberlappen

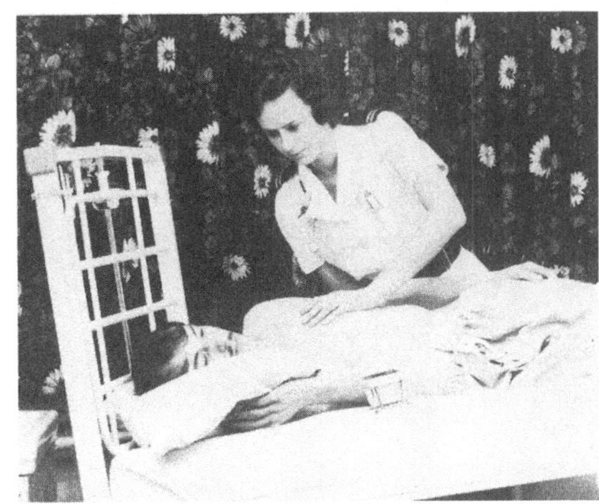

Abb. 59. Segmentum superius
beider Unterlappen

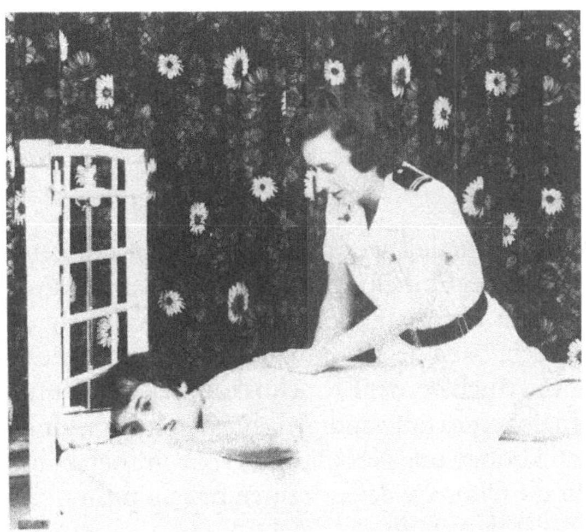

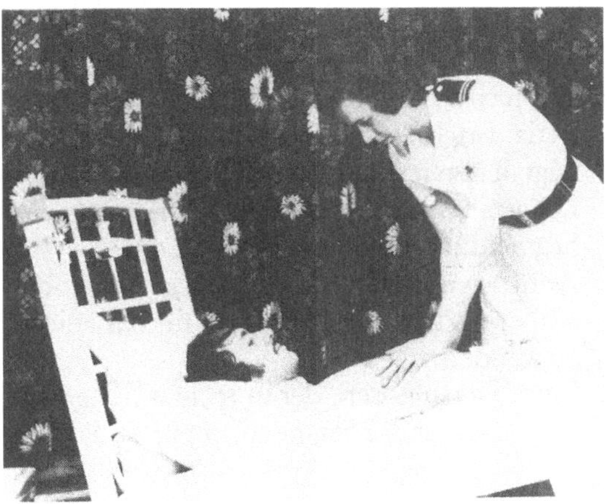

Abb. 60. Segmentum basale anterius
beider Unterlappen

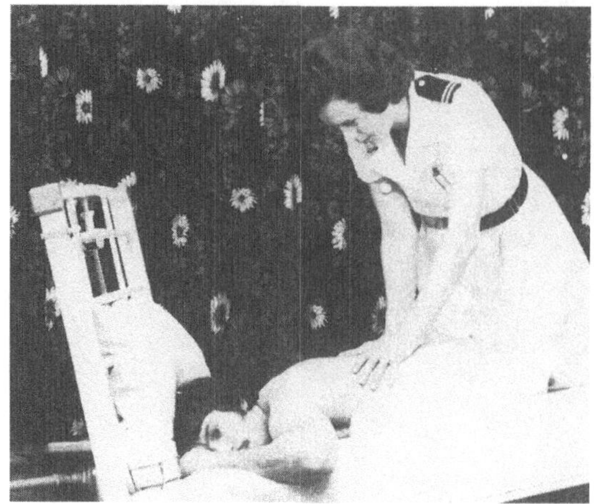

Abb. 61. Segmentum basale
posterius beider Unterlappen

Der linke Stammbronchus hat nur zwei Lappenbronchi, einen für den Oberlappen und einen für den Unterlappen. Die zur Lingula gehenden Segmente des
linken Oberlappens entsprechen annähernd dem rechten Mittellappen. Über die
Verlaufsrichtung und die Aufteilung der Segmentbronchi informiert die Abb. 53.

Technik

Eine optimale Lagerungsdrainage von Lungensegmenten setzt die genaue Kenntnis von der Einteilung des Bronchialbaumes und der Verlaufsrichtung der Segmentbronchi voraus. Nur dann kann die Krankengymnastin das Schwerkraftgesetz aus-
nutzen, nach dessen Prinzip der Sekretstau aus dem infizierten Segment abfließen
kann. Auch bei der Bronchoskopie ist die Kenntnis über die Aufzweigung des Bronchialbaumes notwendig, da in einzelnen Segmentbronchi bevorzugt Fremdkörper,
Infektionen und Neoplasmen vorkommen können. Die verschiedenen Lagerungen
für die Drainage der einzelnen Brochopulmonalsegmente sind in den Abbildungen
55–61 dargestellt.

Wichtig

1. Der rechte Stammbronchus hat ein größeres Lumen als der linke und setzt die
   Verlaufsrichtung der Trachea annähernd fort. Daher werden Fremdkörper bevorzugt in den rechten Stammbronchus aspiriert.
2. Die aspirierten Fremdkörper können je nach Größe einen Stamm-, Lappen- oder
   Segmentbronchus verschließen.
3. Beim bewußtlosen, auf dem Rücken liegenden Patienten neigen aspirierte Fremdkörper dazu, in den Bronchus für das apicale Segment im rechten Unterlappen
   zu wandern.
4. Beim Bewußtlosen, der in rechter Seitenlage gelagert ist, bevorzugen aspirierte
   Fremdkörper das Segmentum posterius des rechten Oberlappens.

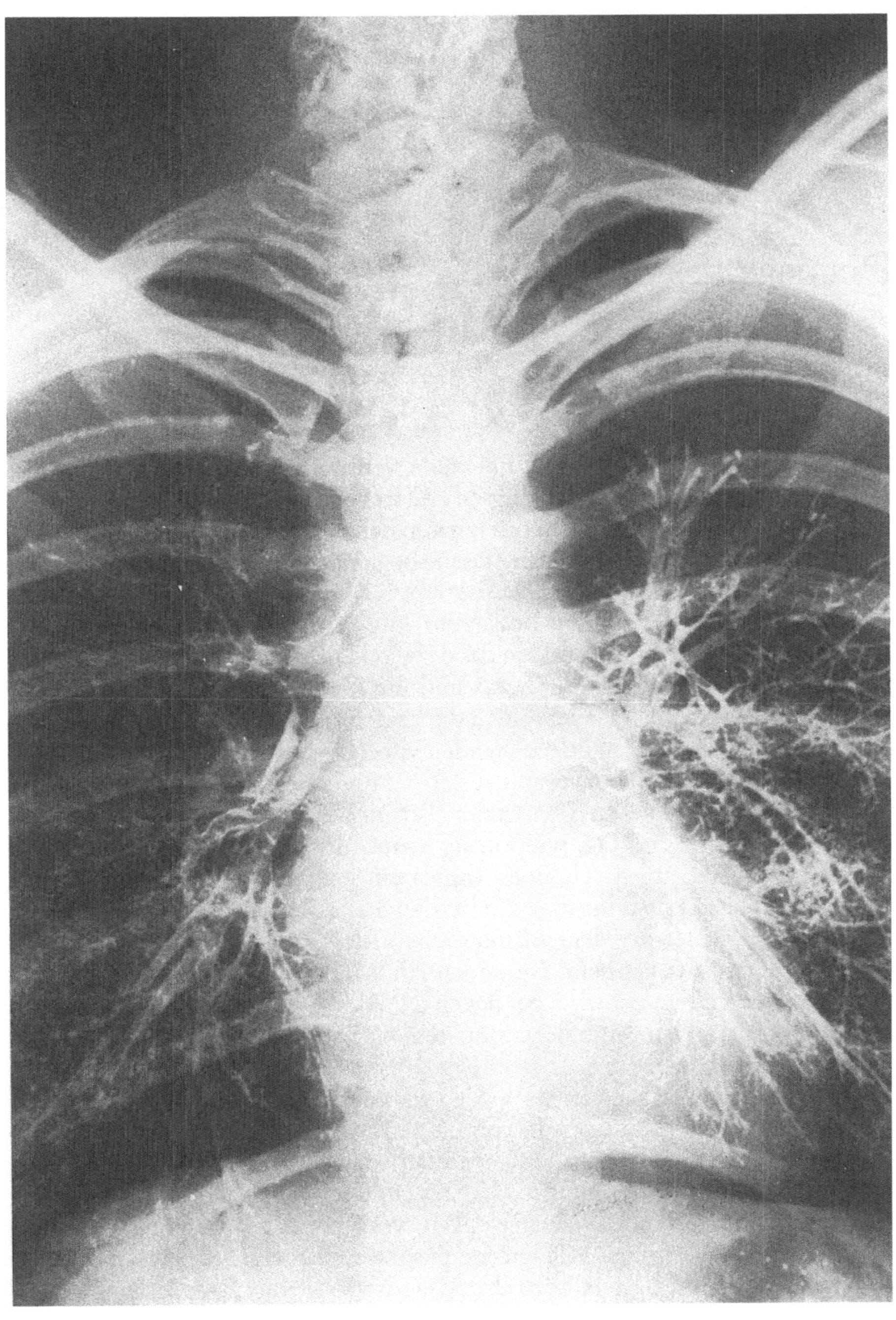

Abb. 62. Normales bilaterales Bronchogramm mit Darstellung von Trachea, Stamm- und Segmentbronchi

Drainage des Pleuraspaltes – Pleurabiopsie

Anatomie

Der Thorax wird dorsal von der Wirbelsäule, ventral vom Brustbein und den Rippenknorpeln und lateral von den Rippen und Intercostalräumen begrenzt. Die caudale Grenze, das Diaphragma, trennt ihn von den Organen der Bauchhöhle. Nach cranial zu ist der Thorax durch eine Ebene begrenzt, die dem Verlauf der rechten und linken 1. Rippe entspricht. Der Thorax schließt also ohne eine Trennwand an die Organe des Halses an. Der Brustraum wird in drei Räume unterteilt: in die rechte und linke Pleurahöhle und in das dazwischen liegende Mediastinum.

Die wichtigsten Organe im Thorax sind: Im Mediastinum das Herz mit seiner Pericardhülle und in den Pleurahöhlen die beiden Lungen. Die Pleura besteht aus einem dünnen, die Lungen überziehenden visceralen serösen Blatt und einem parietalen Anteil, der die Thoraxwand auskleidet und auch die Grenze zum Mediastinum bildet. Viscerales und parietales Blatt der Pleura gehen am Lungenhilus und caudal hiervon, am Lig. pulmonale, ineinander über. Beim Gesunden sind beide Pleurablätter nur durch einen kapillären Spalt voneinander getrennt, der durch einen Flüssigkeitsfilm ausgefüllt ist. Durch die Adhäsionskräfte wird ein Aneinandervorbeigleiten der Pleurablätter während der Atembewegungen verhindert. Der Pleuraspalt ist daher beim Gesunden ein kapillärer Spaltraum, der aber erst bei Erkrankungen sichtbar wird, bei denen z.B. Luft (Pneumothorax) oder Flüssigkeit (Hämothorax, Pleuraerguß, Pyothorax etc.) sich im Pleuraspalt ansammeln und ihn erweitern.

Entsprechend der Lage unterscheiden wir an der Pleura parietalis: Pleura diaphragmatica, Pleura costalis, Pleura cervicalis und Pleura mediastinalis. Die Projektion der Pleura parietalis auf die Körperoberfläche: vom medialen Drittelpunkt an der Clavicula bogenförmig maximal 2,5 cm über das Schlüsselbein hinaufreichend zu beiden Sternoclaviculargelenken, von hier caudalwärts zur Mitte des Angulus sterni. Die rechte Pleuragrenze projiziert sich dann caudalwärts auf den 6. Rippenknorpel, biegt lateralwärts ab und kreuzt die Medioclavicularlinie in Höhe der 8. Rippe, die mittlere Axillarlinie bei der 10. Rippe und paravertebral die 12. Rippe. Die linke Pleuragrenze verläuft sehr ähnlich, sie macht nur zwischen dem linken 4. und 5. Rippenknorpel einen geringfügigen Bogen nach lateral. Auf der Dorsalseite verlaufen die rechte und linke Pleuragrenze paravertebral von der Höhe des 2. bis zum 11. Proc. spinosus der Brustwirbelsäule.

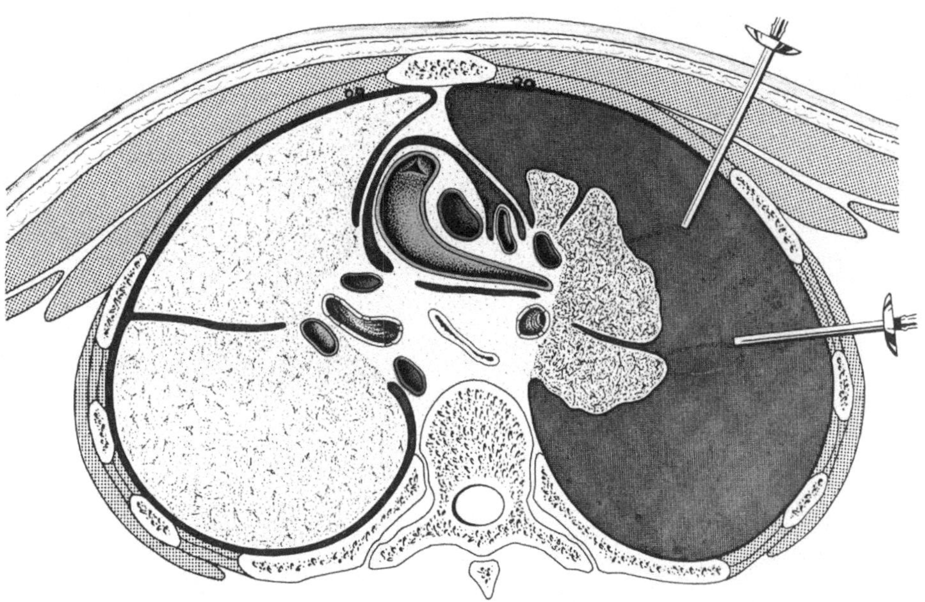

Abb. 63. Horizontalschnitt in Höhe von Th5 und Th6. Rechte Lunge kollabiert. Einführungsstellen des Trokars zur Pneumothoraxdrainage.

Die viscerale Pleura ist mit der Lungenoberfläche fest verwachsen. Ihre Projektion auf die Thoraxwand gleicht deshalb den atemabhängigen Lungengrenzen. Bei normaler Atmung entsprechen die Lungenspitzen dem Verlauf der Pleura cervicalis. Die Projektion der medialen Lungengrenzen auf die Ventralseite des Rumpfes entspricht ebenfalls in etwa dem mediastinalen, parietalen Pleuraverlauf, nur weicht die linke Lunge zwischen dem 4. und 6. linken Rippenknorpel bogenförmig weiter nach lateral zurück (Incisura cardiaca). Die Lungengrenze kreuzt nach lateral zu die Medioclavicularlinie in Höhe des 6. Rippenknorpels, die mittlere Axillarlinie in Höhe der 8. Rippe und kommt paravertebral neben den 10.–11. Thorakalwirbel zu liegen. Die drei Punkte liegen in etwa in einer Ebene.

Der Recessus costodiaphragmaticus wird von der unteren Lungengrenze, der Pleura diaphragmatica und dem caudalen, lateralen Bereich des Thorax mit seiner Pleura costalis begrenzt. Er ist der wichtigste Recessus des Pleuraspaltes. In ihn tauchen die basalen Lungenabschnitte bei der Inspiration ein. Hier sammeln sich auch die Pleuraergüsse an.

Pneumothoraxdrainage

Ein geschlossener Pneumothorax heilt durch die rasche Resorption der eingedrungenen Luft schnell von selbst, vorausgesetzt, daß keine weitere Luft in den Pleuraspalt eindringen kann. Bei einem Spannungspneumothorax ist rasche Hilfe notwendig.

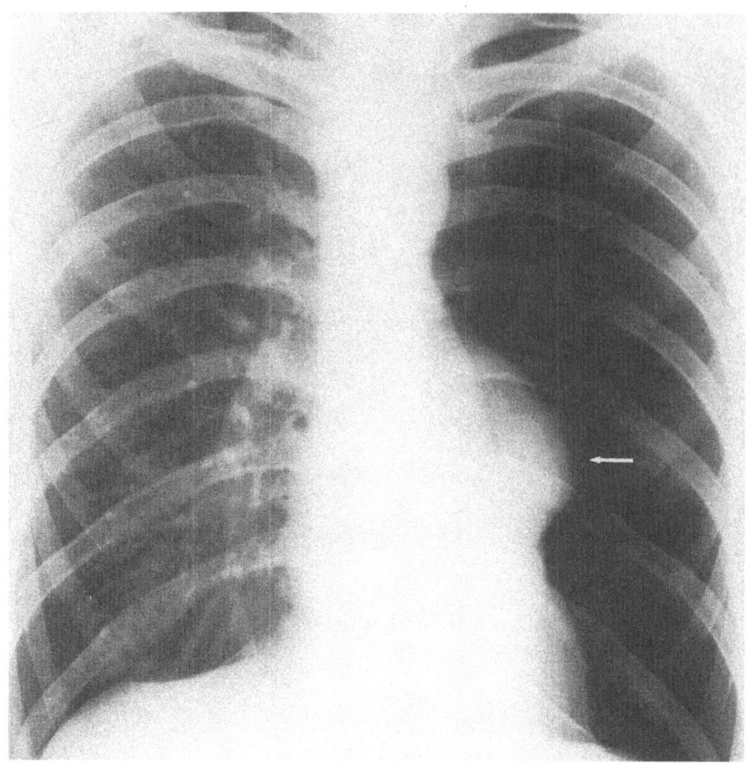

Abb. 64. Totaler linker Pneumothorax. (←) kollabierte Lunge

Beim Vorliegen eines Notfalles, wie beim Spannungsthorax, kann man sich zunächst so behelfen, daß man in der Medioclavicularlinie am Oberrand der 3. oder 4. Rippe eine weitlumige Kanüle in den Pleuraraum einsticht. Auf die Kanüle zieht man einen Fingerling, bei dem man die Kuppe abgeschnitten hat. Die aufgestaute Luft im Pleuraraum kann so durch die Kanüle entweichen, frische aber von außen nicht eindringen. Dieser Notbehelf muß aber sobald wie möglich durch eine Saugdrainage ersetzt werden.

Bei der Anlage einer Pleuradrainage bieten sich gewöhnlich zwei Zugänge an.

Beim ersten geht man in der Medioclavicularlinie durch den 2. oder 3. Intercostalraum ein. Der Patient wird im Bett hochgestützt, um seine Dyspnoe zu erleichtern. Nach Lokalanaesthesie der Thoraxwand und der anliegenden parietalen Pleura wird eine schmale Stichincision gemacht, damit der dicke Führungsdorn des Trokars und die Kanüle unter möglichst aseptischen Bedingungen leicht eindringen können. Der Trokar durchdringt Haut, oberflächliche Körperfascie, M. pectoralis maior und minor, dann die 3 Schichten der Intercostalmuskulatur. Dabei soll man ganz nah am Oberrand der 3. Rippe bleiben, um die Gefäßnervenstraße des 2. Intercostalraumes nicht zu gefährden. Am Unterrand der 2. Rippe im Sul-

84

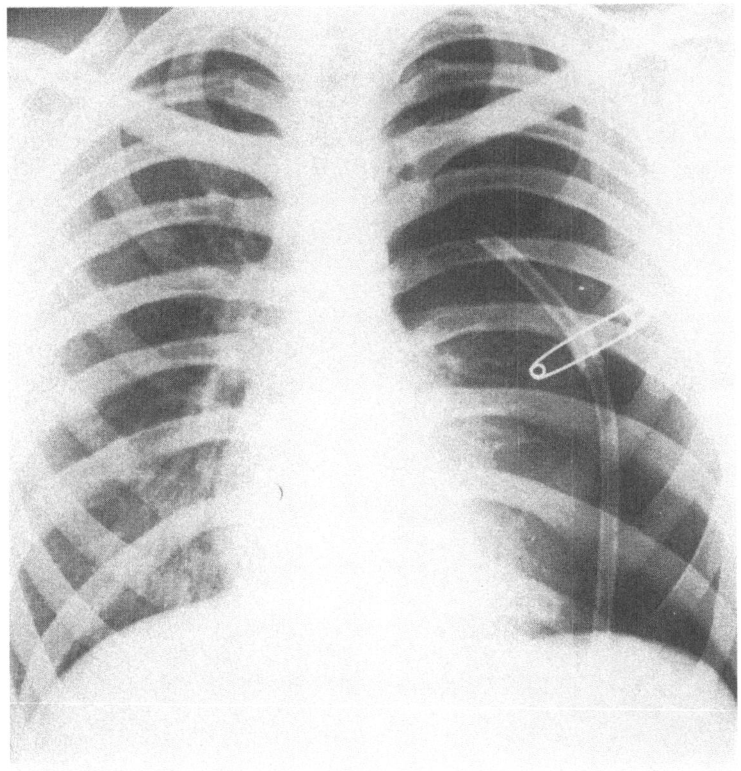

Abb. 65. Ausgedehnter Pneumothorax links mit angelegter Saugdrainage

cus costae verlaufen in der Reihenfolge von kranial nach caudal: V., A. und N. intercostalis II. Der Trokar durchstößt schließlich die Pleura costalis und ist im Pleuraspalt angelangt. Nachdem man bis jetzt einen relativ kräftigen Druck gegen den
Widerstand der Thoraxwand aufwenden mußte, spürt man nun deutlich, daß der
Widerstand gebrochen ist. Ein Drainagekatheter wird nach Entfernen des Trokar-
dorns durch die Kanüle in die Pleurahöhle eingelegt, an der Haut der Thoraxwand
fixiert und mit einem Saugapparat oder mit einem Unterwasserdrainagesystem verbunden.

Beim zweiten Zugangsweg wird in der mittleren Axillarlinie im 5. oder 6. Intercostalraum am Rippenoberrand eingegangen. Diese Methode wird von manchen
Ärzten bevorzugt. Der Drain läßt sich hier leicht in Richtung auf die Lungenspit-
ze ausrichten. Oft ist auch dem Patienten die seitliche Drainage lieber, weil der
Schlauch nicht durch die Mm. pectorales geleitet werden muß, und daher Arm-
bewegungen nicht so schmerzhaft sind.

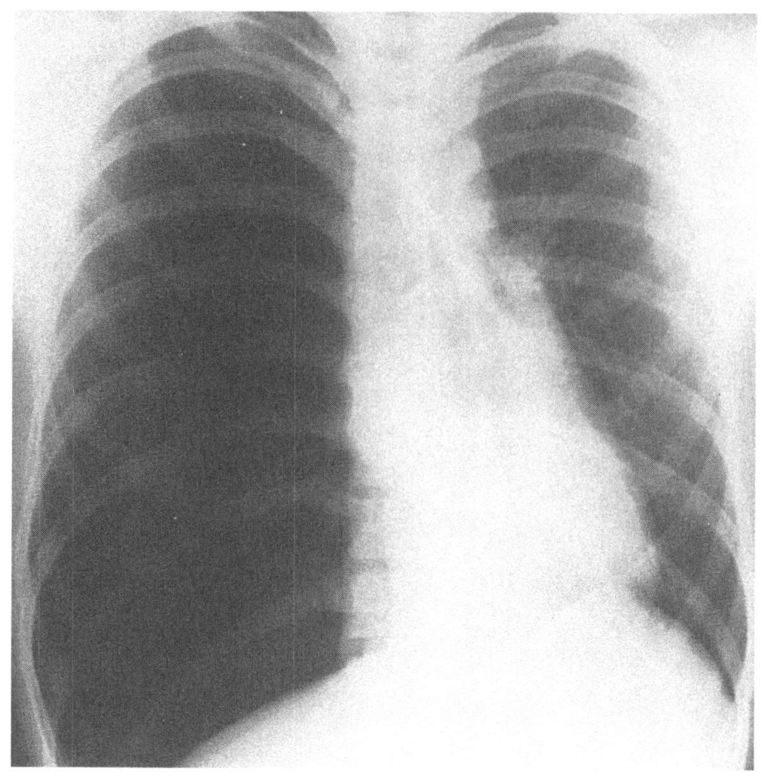

Abb. 66. Spannungspneumothorax rechts

Punktion eines Pleuraergusses

Lage und Ausdehnung des Pleuraergusses werden zunächst perkutiert und im Röntgenbild in verschiedenen Ebenen festgehalten. Ein kleiner Erguß läßt sich manchmal am besten beim Durchleuchten erkennen.

Der Patient wird zur Punktion im Bett aufgesetzt, mit den Vorderarmen soll er sich auf einem Beistelltisch aufstützen. Dadurch wird die Scapula vom vorgesehenen Punktionsgebiet abgeschwenkt. Punktiert wird an der Stelle der stärksten Dämpfung. Man geht im 8. oder 9. Intercostalraum ein, zwischen der hinteren Axillarlinie und einer longitudinalen Linie, die handbreit neben der Wirbelsäule zu denken ist. Nach Lokalanaesthesie wird eine großkalibrige Kanüle durch die Haut und oberflächliche Fascie eingestochen. Ist die angegebene Punktionsstelle genau getroffen, so dringt die Kanüle durch den M. latissimus dorsi, den M. serratus posterior inferior, darauf durch die drei Schichten der Intercostalmuskulatur und schließlich durch die Pleura costalis und ist im Pleuraspalt angelangt. Nach Ansaugen der ersten Exsudatmenge mit einer Rotandaspritze sinkt der Flüssigkeitsspiegel im Pleuraspalt ab. Dadurch kann die Kanülenöffnung über den Spiegel zu

86

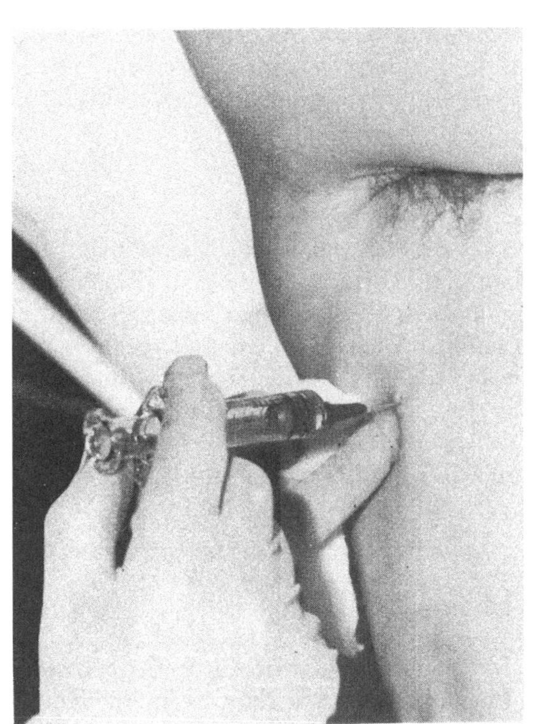

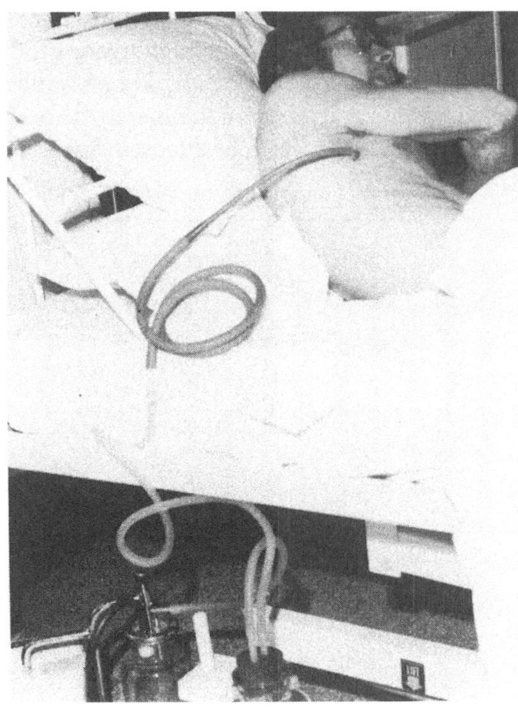

Abb. 68. Unterwassersaugdrainage
bei Pneumothorax

liegen kommen. Durch Lageveränderungen des Patienten wird der Spiegel beeinflußt und kann weiter abgesaugt werden. Anstelle wiederholter Punktionen des Pleuraspaltes kann es notwendig und zweckmäßig sein, eine Dauerdrainage einzulegen.

Pleurabiopsie

Der Patient wird wie für eine Pleurapunktion gelagert und soll normal atmen. Pleurabiopsien werden oft während der Einatmungsphase des Patienten entnommen. Die Biopsiekanüle mit angeschlossener Spritze wird an der vorgesehenen Entnahmestelle eingestochen und dann so gedreht, daß die Kanülenschneide nach caudal blickt. Nun wird die Nadel so weit zurückgezogen, daß das Stückchen Pleura parietalis zwischen Kanülenschneide und dem Oberrand der nächstfolgenden Rippe eingefangen wird. Eine Drehung der Kanüle sichert das Gewebestückchen, das mitsamt der Nadel herausgezogen wird.

Wichtig

1. Immer nahe am Oberrand der Rippen bleiben. Die Intercostalgefäße und der Intercostalnerv verlaufen am Unterrand der Rippe.
2. Beim Eingehen in den 2. Intercostalraum im Bereich der Medioclavicularlinie an die Vasa thoracica interna denken, die 1–2 cm parasternal verlaufen.
3. Die Kanüle nicht unterhalb des 9. Intercostalraumes einführen. Das Zwerchfell könnte durchstochen und Bauchorgane gefährdet werden.
4. Einige Ärzte ziehen es vor, die Thoraxwand in der linken Medioclavicularlinie schichtweise präparativ zu incidieren, da bei zu kräftigem Einsetzen des Trokars das benachbarte Herz gefährdet sein könnte.

Verdauungssystem

Intubation und Biopsie des Magen-Darm-Traktes

Anatomie

Der Epipharynx steht nach ventral über die Choanen mit der Nasenhöhle in Verbindung, nach caudal zu geht er in Höhe der Uvula in den Mesopharynx über. Der Mesopharynx reicht bis zum Epiglottisoberrand herab und hat nach ventral durch den Isthmus faucium eine Öffung zur Mundhöhle. Damit hat der Mesopharynx zwei Aufgaben: Er ist Respirationsweg und Speiseweg zugleich. In ihm kreuzen sich beide Wege. Caudal des Mesopharynx verläuft der nun gesonderte Respirationsweg durch den Larynx und die Trachea auf der Ventralseite weiter, während der Speiseweg weiter dorsal durch den Hypopharynx in den Oesophagus führt. Eine genauere Beschreibung der Anatomie von Nase und Mundhöhle findet sich in den Kapiteln über die »endotracheale Intubation« und über die »Untersuchung des Nasenraumes«.

Der Oesophagus beginnt als Fortsetzung des Hypopharynx in Höhe des Ringknorpels. Beim Erwachsenen entspricht dies dem 6. Halswirbelkörper, beim Säugling dem 5. Halswirbelkörper. Der Oesophagus des Erwachsenen ist ein muskulöser Schlauch von etwa 25 cm Länge und einer bei kontrahiertem Zustand 0,3 cm dicken Wand. Im mittleren Verlaufsabschnitt ist sein Lumen auf maximal 3–3,5 cm dehnbar. Es gibt drei enge Speiseröhrenstellen: Obere Oesophagusenge (Sphinkterenge, Oesophagusmund), mittlere Oesophagusenge (Aortenenge, linke Stammbronchusenge) und untere Enge (Zwerchfellenge). Die obere Oesophagusenge hat den geringsten Durchmesser, sie läßt nur Instrumente bis maximal 1,4 cm Durchmesser passieren. Auf ihrem Weg durch das Mediastinum biegt die Speiseröhre sanft nach ventral und links, bevor sie in Höhe des 10. Thorakalwirbelkörpers durch das Zwerchfell tritt. In einer Seitansicht werden unter dem Durchleuchtungsapparat mit Hilfe eines Bariumbreischluckes die drei klinisch wichtigsten Stellen am Oesophagus sichtbar, an denen seine Vorderwand von anliegenden Organen eingedellt wird. So wird die Speiseröhre vom Aortenbogen und unmittelbar darunter in Höhe des 5. Thorakalwirbels von dem linken Stammbronchus überkreuzt und eingeengt. Darunter bildet auch der linke Vorhof an der Oesophagusvorderwand eine sanfte Impression, die bei rheumatischen Herzerkrankungen vergrößert sein kann.

Bei seinem Durchtritt durch das Zwerchfell wird der Oesophagus von den Vagusstämmen und von Ästen der A. und V. gastrica sinistra begleitet, die für die Versorgung des caudalen Abschnittes der Speiseröhre zuständig sind. Die caudalen Oesophagusvenen münden teils in die V. gastrica sinistra, teils in die V. azygos.

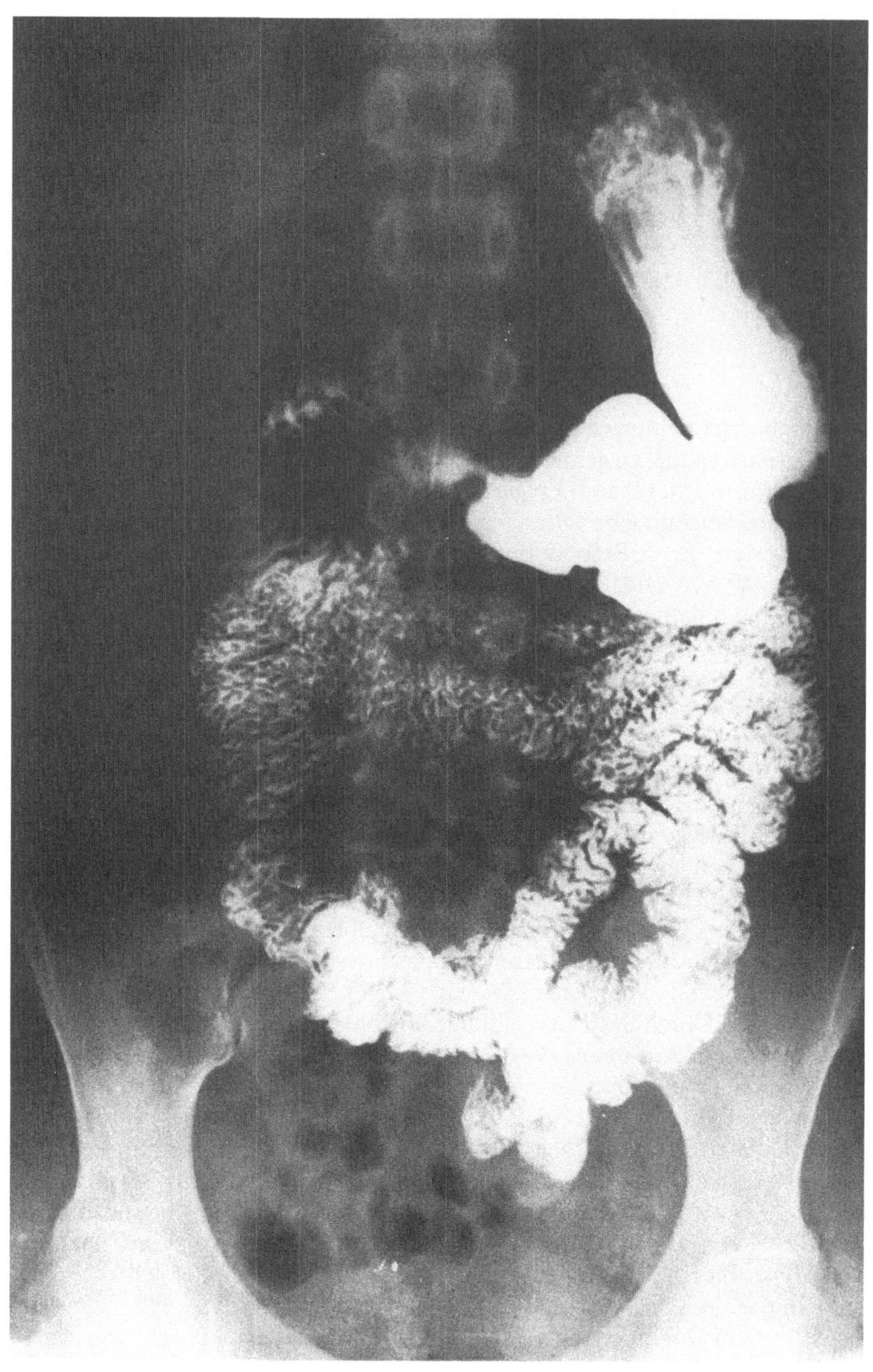

Abb. 69. Abdomenübersicht nach Bariummahlzeit, Darstellung von Magen, Duodenum und proximalem Dünndarm

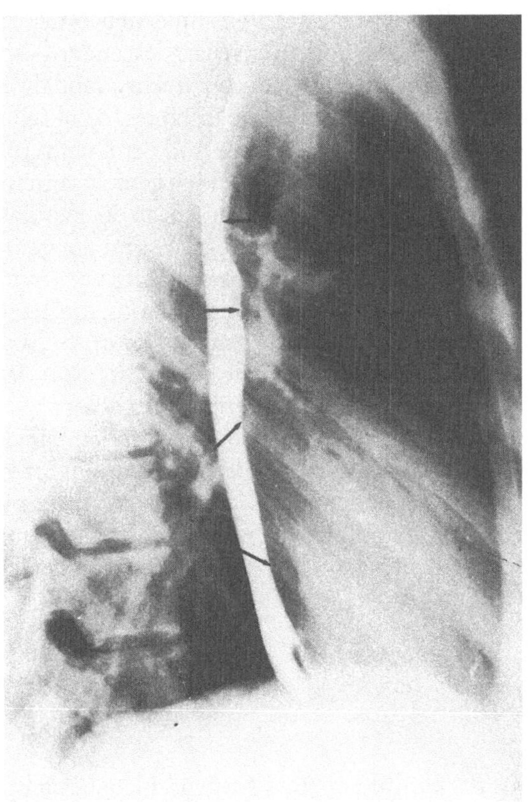

Abb. 70. Lateralansicht des Oesophagus in seinem mediastinalen Verlauf. Durch Bariumbrei werden die typischen drei Einbuchtungen auf seiner Vorderseite sichtbar. (←) Aortenbogen, (→) linker Stammbronchus, (◁) linker Vorhof

Die V. azygos ist ein wichtiger Zufluß der V. cava superior, sie gehört damit also zum cavalen Einzugsgebiet. Die V. gastrica sinistra dagegen mündet in die V. portae und gehört damit zum Pfortaderkreislauf. Diese porto-cavale Verbindung ist klinisch sehr wichtig.

Der Magen, ein großes muskulöses Hohlorgan, liegt hauptsächlich im Epigastrium und im linken Hypochondrium. Seine Form und Lage sind variabel. An der Cardia steht er mit dem kurzen abdominellen Teil der Speiseröhre in Verbindung und über den Pylorus schließt er an das Duodenum an. Man teilt den Magen in Fundus, Corpus und Antrum pyloricum ein. Er wird rechts von der kleinen und links von der großen Kurvatur begrenzt. Entlang der kleinen Magenkurvatur ist seine Schleimhaut in Längsfalten gerafft (Magenfalten, Magenstraße).

Das Duodenum ist beim Erwachsenen etwa 25–30 cm lang und 4–6 cm weit. Es wird in vier Abschnitte unterteilt. Mit Ausnahme der ersten 3 cm (1. Abschnitt, Pars horizontalis duodeni mit Bulbus duodeni) hat es kein Mesenterium mehr. Der Zwölffingerdarm ähnelt in seinem Verlauf einem C-förmigen Bogen, umgreift den Pankreaskopf und geht an der Flexura duodeno-jejunalis in das Jejunum über. Die Projektion des Duodenums entspricht einer Kurve, die in Höhe der Pylorusebene (L_1–L_2) 2,5 cm rechts paramedian beginnt und knapp unter der gleichen

Ebene (L$_1$–L$_2$) etwa 2,5 cm links neben der Körpermedianen endet. Der zweite Abschnitt des Duodenums (Pars descendens) ist etwa 8 cm lang. Er verläuft in Höhe von L$_1$–L$_3$ am Pankreaskopf rechts caudalwärts. Diesem Teil des Duodenums gilt das besondere klinische Interesse, da in seine Rückwand auf der Innenseite des »C« der Ductus choledochus und der Ductus pancreaticus maior gemeinsam münden. Sie haben meist (60%) einen gemeinsamen Endverlauf unter Ausbildung einer Ampulle (VATER) und öffnen sich an der Papilla duodeni maior ins Duodenum. Ein gesonderter Verlauf beider Gänge und ein gemeinsamer Endverlauf ohne Ausbildung einer Ampulle kommen häufig vor (mittlerer papillennaher Choledochusdurchmesser beim Erwachsenen 8 mm, mittlerer Durchmesser des Ductus pancreaticus beim Erwachsenen 2 mm). Der dritte Abschnitt des Duodenums ist die Pars horizontalis inferior, der vierte die Pars ascendens.

Der folgende Dünndarm ist an seiner Mesenterialplatte fixiert, die von der Flexura duodenojejunalis an der dorsalen Bauchwand ausgeht und vor der rechten Articulatio sacro-iliaca endet. Der Dünndarm ist beim Erwachsenen etwa 5 Meter lang, davon entfallen 2 Meter auf das Jejunum, der Rest auf das Ileum. Jejunum und Ileum sind in Bauchmitte an ihrer Mesenterialplatte serpentinenartig aufgereiht. An der Valva ileocaecalis beginnt der Dickdarm, der das Dünndarmkonvolut umrandet.

Technik

Für das Einführen eines Magenschlauches gibt es viele Indikationen, wie z.B. für die Gewinnung von Magensaft oder bei Sekretionsstudien. Der Patient soll für die Untersuchung bequem sitzen. Der Magenschlauch kann als Nasogastralsonde über den unteren Nasengang und den Epipharynx eingeführt werden oder aber auch durch die Mundhöhle unmittelbar in den Mesopharynx. Der Patient wird aufgefordert bei offenem Mund ruhig zu atmen. Währenddessen wird der Magenschlauch durch den Schlund weiter vorgeschoben.

Man sollte den Schlauch in Höhe des Gaumenbogens beobachten, um sicher zu gehen, daß er tatsächlich weitergleitet. Bei Ungeübten wird es vorkommen, daß nach vermeintlicher, geglückter Einführung des Magenschlauches dieser sich nur in der Mundhöhle aufgerollt hat. Damit der Katheter weiter durch die Speiseröhre vordringt, wird der Patient aufgefordert zu schlucken. Einige Schlucke kalten Wassers erleichtern das. Bei jedem Schluckvorgang wird der Schlauch sanft weitergeschoben. Bevor der Schlauch in den Magen eindringt, spürt man deutlich den Cardiawiderstand. Zur Kontrolle der Lage der Sonde im Magen wird Magensaft angesaugt und dessen Säuregehalt bestimmt. Ein Wassertest gibt Auskunft, ob die Schlauchöffnung im tiefsten Magenabschnitt liegt: Man läßt den Patienten eine genau abgemessene Menge Wasser (z.B. 20 ml) trinken. Sofern man sofort danach die gleiche Flüssigkeitsmenge absaugen kann, liegt der Schlauch an der gewünschten tiefsten Stelle des Magens.

Die SENGSTAKEN-BLAKEMORE Sonde wird bei blutenden Oesophagusvarizen angewendet. Oesophagusvarizen sind dünnwandige, geschlängelte und dilatierte

Abb. 71. Lage der
SENGSTAKEN-BLAKE-
MORE Sonde

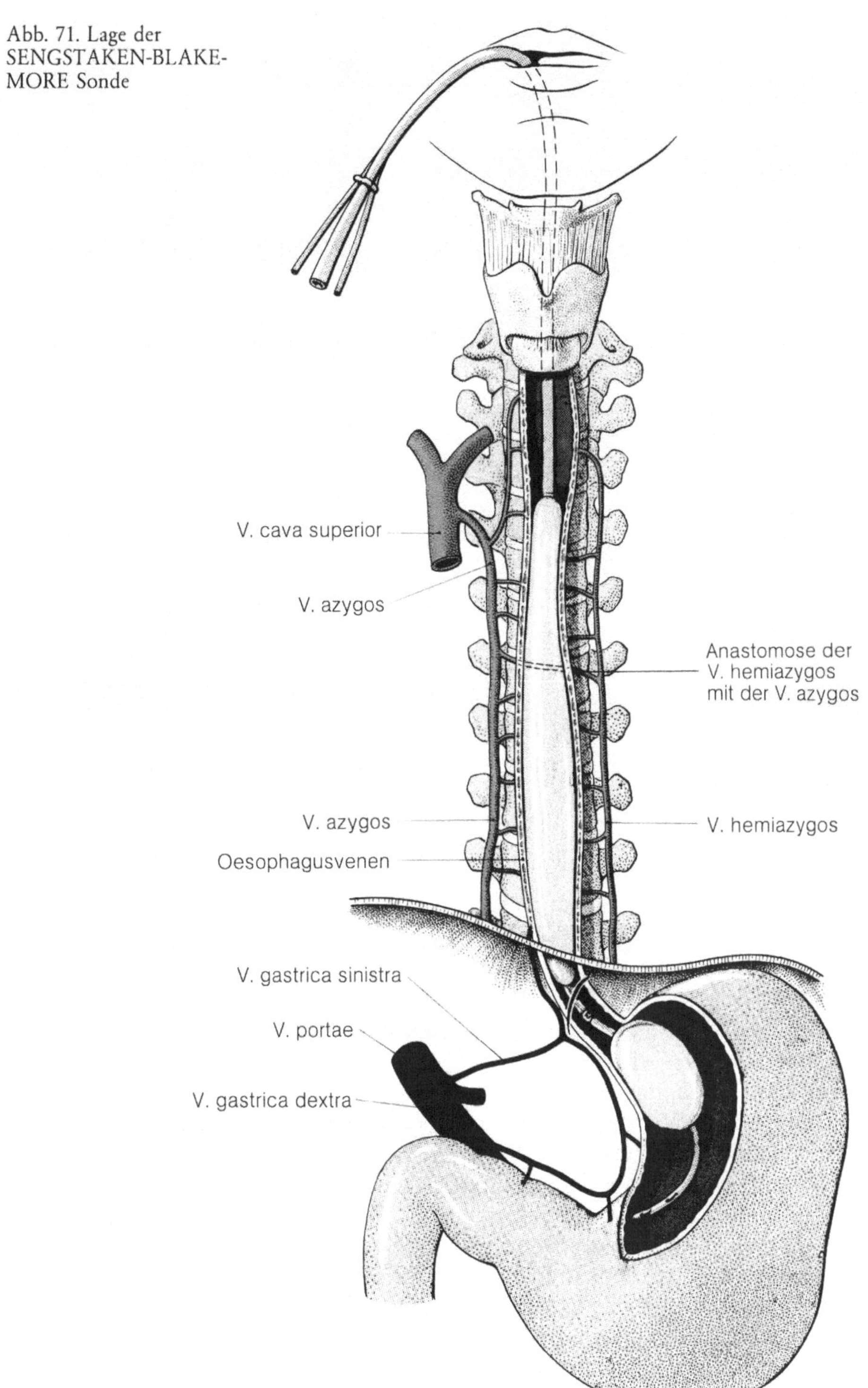
V. cava superior
V. azygos
Anastomose der
V. hemiazygos
mit der V. azygos
V. azygos
V. hemiazygos
Oesophagusvenen
V. gastrica sinistra
V. portae
V. gastrica dextra

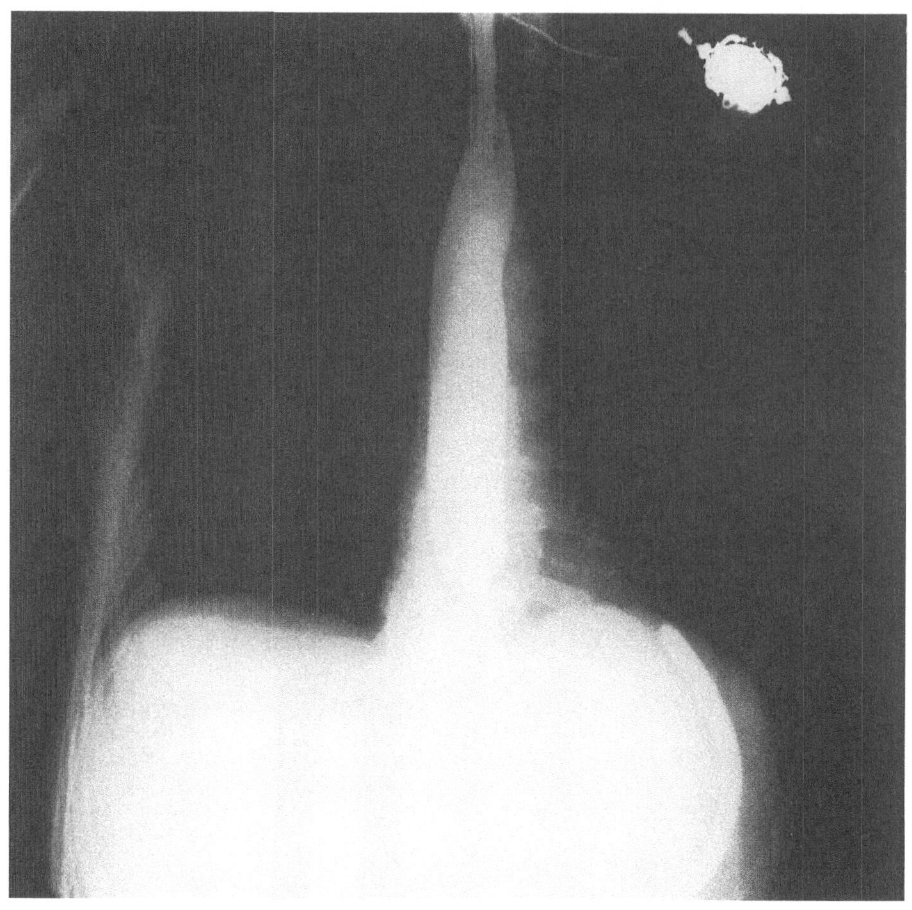

Abb. 72. SENGSTAKEN-BLAKEMORE Sonde in situ. Oesophagus- und Magenballon durch Kontrastfüllung sichtbar gemacht

Speiseröhrenvenen, die entlang der porto-cavalen Umgehungsstraße liegen. Sie entstehen durch einen erhöhten Pfortaderdruck, der sehr unterschiedliche Ursachen haben kann. Oesophagusvarizen liegen in der Submucosa und in der Lamina propria mucosae. Die Venen in der Submucosa der Speiseröhre erhalten viele Zuflüsse von den subepithelial gelegenen, dilatierten Venengeflechten. Sie fließen in die stark erweiterten Venen entlang der Serosaoberfläche der Speiseröhre ab. Diese wiederum anastomosieren kranial mit der V. azygos und caudal mit der V. gastrica sinistra. Die subepithelialen Venengeflechte sind für die Blutung in das Oesophaguslumen verantwortlich. Zur Abdichtung dieser Blutungsstellen wird die SENGSTAKEN-BLAKEMORE Sonde verwendet. Sie hat drei Lumina, davon sind zwei mit voneinander unabhängig aufblasbaren Ballons verbunden. Die Sonde wird durch den Mund oder durch die Nase eingeführt. Ein Sauger ist zur Hand, um hochgewürgtes Blut abzusaugen, damit es nicht aspiriert wird. Sobald die Sonde in den Magen gelangt ist,

96

Abb. 73. Röntgenübersicht des Dünndarms mit Darstellung einer Biopsiekapsel. Im Bild oben die Duodenalschleife

wird der distale »Magenballon« mit etwa 125 ml Wasser oder mit einer röntgen-
kontrastgebenden Flüssigkeit aufgefüllt. Nun wird der Schlauch sanft etwas ange-
zogen, sodaß der »Magenballon« unmittelbar an den oesophago-gastralen Übergang zu liegen kommt. Dadurch wird die »Venenmanschette« um die Cardia komprimiert. Gleichzeitig wird damit der noch nicht gefüllte »Oesophagusballon« in
die richtige Lage gebracht, nun aufgefüllt und die Oesophagusvarizen ausgedrückt.
Der »Oesophagusballon« sollte niemals vor dem »Magenballon« aufgefüllt werden,
da es sonst bei Fehllagen zu Atemstörungen kommen kann. Auch beim Entleeren
der Ballons soll man so vorgehen, daß zunächst der obere oesophageale und dann
erst der untere gastrale geöffnet wird. Der Druck im oberen Ballon muß etwa 20–35
mm Hg betragen, um die Oesophagusvarizenblutung zum Stehen zu bringen. Die
Sonde bleibt nach Auffüllen beider Ballons unter einem leichten Zug von etwa 300–
500 g in der richtigen Stellung.

97

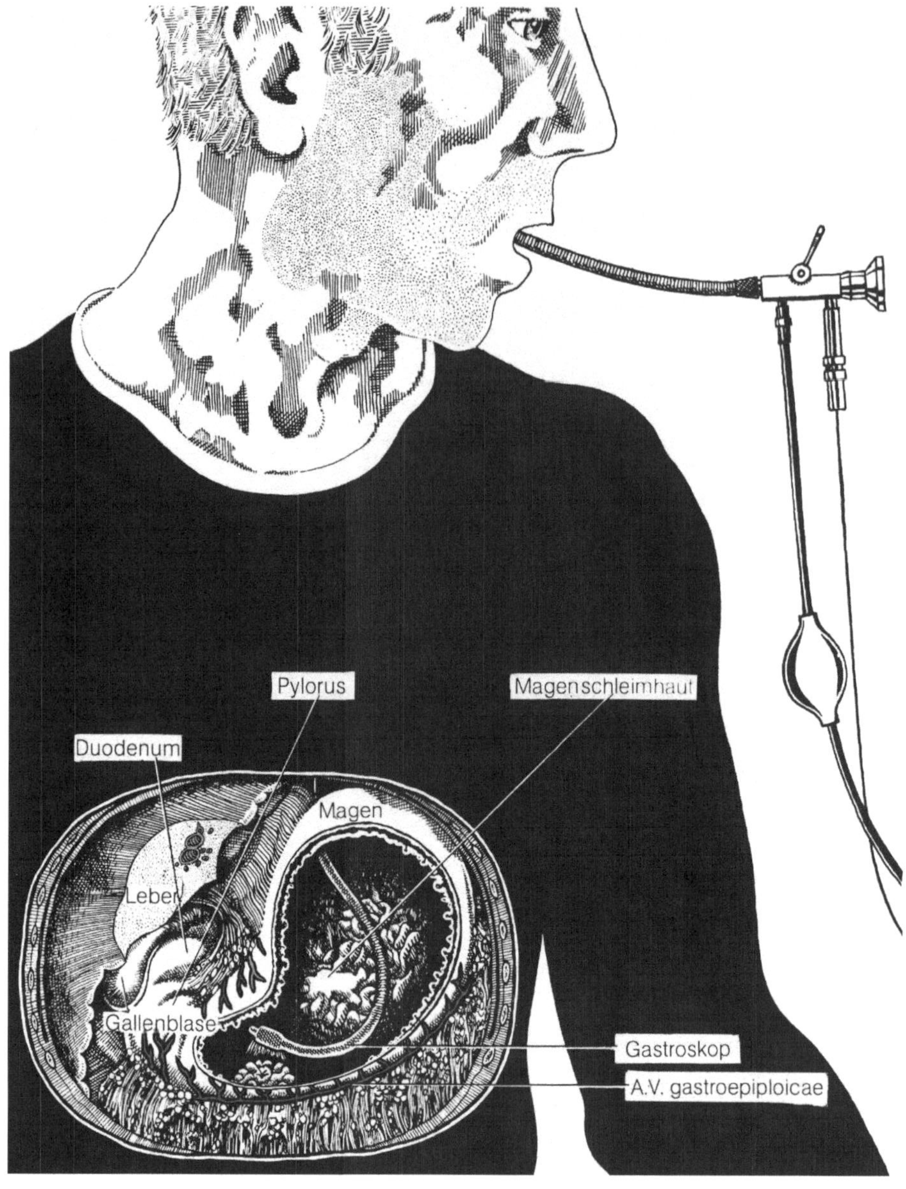

Abb. 74. Lage des Gastroskops im Schema

Für die Gastroskopie wird der meist sedierte Patient gewöhnlich in linker Seitenlage gelagert. Die Rachengegend wird lokal anaesthesiert. Für diagnostische Zwecke werden von vielen Klinikern die flexiblen Fiberglasendoskope mit Geradeausblickrichtung bevorzugt. Das Endoskop wird unter Sicht sanft durch den Mund, Pharynx und Speiseröhre in den Magen eingeführt. Dabei wird der Patient aufge-

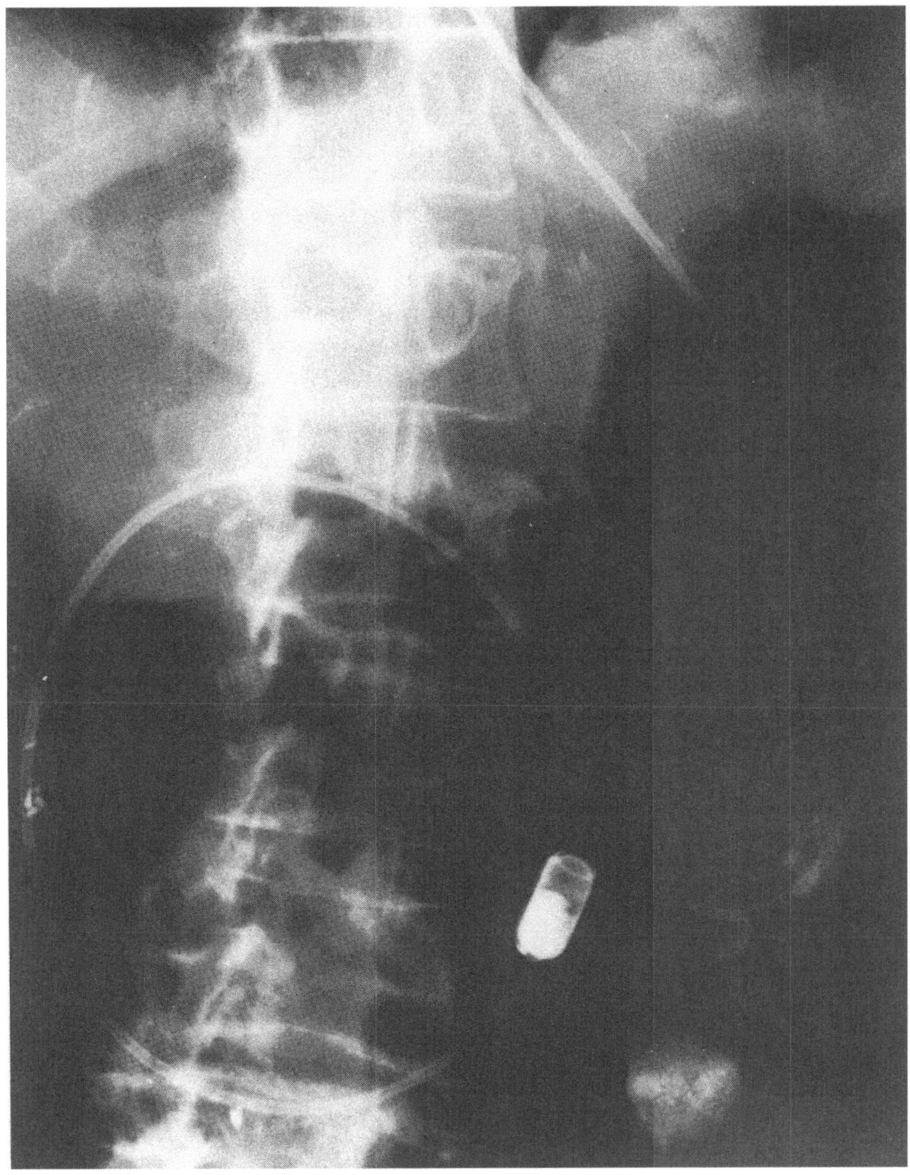

Abb. 75. Biopsiekapsel mit zuführendem Schlauch im c-förmigen Duodenum

fordert zu schlucken. Durch Änderung des Blickwinkels an der Endoskopspitze lassen sich Speiseröhre, Magen und auch Duodenum einsehen. Durch die modernen Endoskope lassen sich therapeutische Eingriffe (Fremdkörperentfernung), Probeexcisionen von suspekten Schleimhautbereichen und endoskopische Aufnahmen von der Innenwand der Hohlorgane (Oesophagus, Magen, Duodenum, Papille) durchführen. Auch die retrograde Auffüllung eines großen Drüsenausführungsganges (Ductus choledochus, Ductus pancreaticus), der dann röntgenologisch sichtbar wird, ist möglich.

Die Dünndarmbiopsie bringt manchen sehr wertvollen diagnostischen Hinweis. Verschiedene Biopsiekapseln sind in Gebrauch. Die meisten von ihnen arbeiten zunächst nach dem Saugverfahren und danach unter Verwendung eines kleinen Schnappmessers, das mit hydrostatischem Druck betrieben wird. Die am Anfang einer dünnen Sonde aufgesetzte Kapsel wird vom Patienten heruntergeschluckt, ihr weiterer Verlauf durch den Dünndarm unter dem Durchleuchtungsschirm verfolgt. Verschiedene Lagerungswechsel des Patienten erleichtern das Vordringen der Kapsel durch den Pylorus und die Flexura duodenojejunalis. Wenn der Arzt überzeugt ist, daß die Kapsel das Untersuchungsgebiet erreicht hat, wird die Saugbiopsie und die Probeexcision der Mucosa durchgeführt und das Material in die Kapsel hereingezogen. Gewöhnlich beinhaltet eine Probeexcision aus dem Dünndarm: Mucosa, Muscularis mucosae und etwas Submucosa.

Wichtig

1. Bei Benutzung einer SENGSTAKEN-BLAKEMORE Sonde zuerst den Magenballon füllen und diesen auch als letzten entleeren. Man vermeidet damit eine mögliche Asphyxie, die entsteht, wenn der oesophageale Ballon fehlerhaft schon im Meso- der Hypopharynx aufgefüllt wird.
2. Beim Bewußtlosen muß vor Einführen einer Nasogastralsonde eine endotracheale Intubation durchgeführt werden.

Intraperitoneale Untersuchungsverfahren
Peritonealdialyse

Anatomie

Die ventrale Bauchwand wird oben vom Proc. xiphoideus und den Rippenknorpeln der 7.–10. Rippe begrenzt. Die caudale Grenze entspricht der Crista iliaca und nach ventral der Spina iliaca anterior superior, dem Lig. inguinale, dem Tuberculum pubicum mit dem Pecten ossis pubis und dem Oberrand der Symphyse.

Bei der Inspektion und Palpation des Abdomens ist der Nabel ein wichtiger Markierungspunkt. Er wird umgriffen und fixiert durch die Linea alba, die vom Proc. xiphoideus ausgeht und mitten in der vorderen Bauchwand zum Oberrand des Os pubis neben die Symphyse verläuft. Die Linea alba ist die Durchflechtungszone der Aponeurosen der schrägen und queren Bauchmuskeln. In der Schwangerschaft kann die Linea alba durch Melanineinlagerungen als »Linea nigra« erscheinen. Parallel zur Linea alba verlaufen die Mm. recti abdominis. Sie entspringen von den 5.–7. Rippenknorpeln und der Vorderfläche des Proc. xiphoideus und setzen am Os pubis zwischen dem Oberrand der Symphyse und dem Tuberculum pubicum an. Spannt man den M. rectus abdominis an, so zeichnen sich an der Bauchhaut deutlich die meist drei »Inscriptiones« ab, die von den in die Haut einstrahlenden Zwischensehnen des Muskels (Intersectiones tendinei) bewirkt werden. Sie finden sich häufig etwas caudal der Spitze des Proc. xiphoideus, in Nabelhöhe und etwa auf halbem Weg dazwischen. Die laterale Grenze des M. rectus abdominis entspricht in etwa der Linea semilunaris (bogenförmiger Muskelsehnenübergang des M. transversus abdominis).

Die oberflächliche Körperfascie der vorderen Bauchwand besteht aus zwei getrennten Blättern, die besonders gut unterhalb des Nabels erkennbar sind: Ein oberflächliches Blatt (CAMPER), welches das subcutane Fettpolster überzieht und ein tiefes derbes Blatt (SCARPA). Unter der Fascia abdominalis superficialis liegen lateral die drei platten Bauchmuskeln. Die Hauptmasse der Muskelfasern des M. obliquus abdominis externus verläuft nach medial und caudal. Sein Muskelsehnenübergang entspricht bis in Nabelhöhe etwa dem lateralen Rand des M. rectus abdominis. Caudal davon biegt der Muskelsehnenübergang etwa zur Spina iliaca anterior superior ab. Der M. obliquus abdominis internus folgt als nächst tiefere Schicht. Seine Fasern haben eine kranio-mediale Verlaufsrichtung. Als tiefster Muskel folgt der M. transversus abdominis mit seiner rein queren Zugrichtung. Die

Aponeurosen der drei platten Bauchmuskeln bauen die Rectusscheide auf, bevor sie sich in der Linea alba untereinander verflechten.

Die A. epigastrica inferior (beim Erwachsenen 2 mm Durchmesser) entspringt aus der A. iliaca externa und steigt zwischen dem hinteren Blatt der Rectusscheide und dem M. rectus abdominis kranialwärts auf. Sie anastomosiert mit der A. epigastrica superior, einem Ast der A. thoracica interna. Die Arterien werden von gleichnamigen Venen begleitet.

Die Fascia transversalis breitet sich zwischen der Rückwand des M. transversus abdominis und dem extraperitoneal gelegenen Fett aus. Unter dem Fett folgt das Peritoneum, das ein parietales und viscerales Blatt hat. Das parietale kleidet die Bauchwand von innen aus, der viscerale Anteil überzieht die intraperitoneal gelegenen Organe und formt die Mesenterien. Beim Lebenden ist der zwischen den beiden Peritonealblättern gelegene Raum, die Peritonealhöhle, sehr eng und nur von einem geringen Flüssigkeitsfilm ausgefüllt. In pathologischen Fällen ist die Peritonealflüssigkeit vermehrt (Ascites) und dadurch die Peritonealhöhle vergrößert.

Punktion der Bauchhöhle

Der nüchterne und medikamentös vorbereitete Patient liegt in Rückenlage. Man versichert sich, daß die Harnblase entleert ist. Die vorgesehene Punktionsstelle wird desinfiziert und lokal anaesthesiert. Punktionsstellen sind:

1. Der obere Drittelpunkt auf der Linea alba zwischen Nabel und Symphyse.
2. Der Grenzbereich zwischen mittlerem und äußerem Drittel (lateraler Drittelpunkt) der Verbindungslinie zwischen Nabel und Spina iliaca anterior superior.

Wird der Zugang zur Bauchhöhle durch die Linea alba gewählt, so wird der Trokar mit seinem Führungsdorn nach einer kleinen Stichincision senkrecht durch die Subcutis eingestochen und durchdringt darauf nacheinander oberflächliche Körperfascie und die derbe Linea alba. Das geht oft leichter, wenn der Patient mithilft und auf die Aufforderung seinen Kopf zu erheben zwangsläufig auch den M. rectus abdominis und dadurch die Rectusscheide anspannt. Bevor man nun in die Peritonealhöhle eindringt, empfiehlt es sich, die Trokarspitze etwas caudalwärts zu richten. Dadurch verhindert man eine mögliche Verletzung von Gefäßen an der hinteren Bauchwand. Hinter der Linea alba muß der Trokar noch die Fascia transversalis, das extraperitoneale Fettpolster und das parietale Peritonealblatt durchdringen, bis seine Spitze die Bauchhöhle erreicht hat. Der Führungsdorn wird herausgezogen. Nun können verschiedenartige Katheter eingeführt werden, um den zeitweiligen Zugang zur Bauchhöhle zu sichern.

Wird der laterale Zugangsweg am sogenannten MONROE'schen Punkt gewählt, so muß man durch die Aponeurose des M. obliquus abdominis externus, den M. obliquus abdominis internus und den M. transversus abdominis hindurch. Danach liegen noch die Fascia transversalis, das extraperitoneale Fettpolster und das parietale Blatt des Peritoneums im Wege.

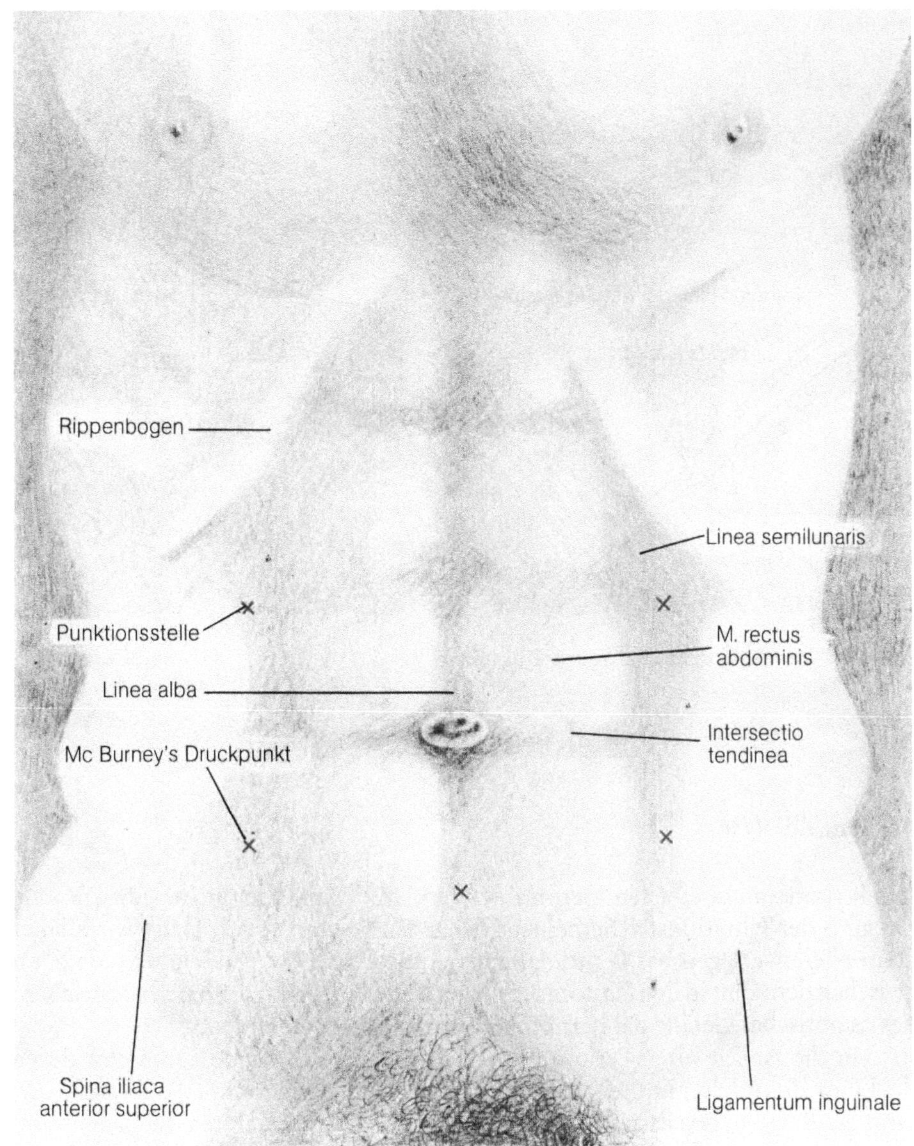

Abb. 76. Oberflächenanatomie der vorderen Bauchwand

Punktionsmöglichkeiten für Peritonealexsudat und Peritonealbiopsie

Peritonealflüssigkeit, als auch Peritonealgewebsstückchen können im Bereich der vier äußeren Quadranten der Bauchwand gewonnen werden: In Höhe der 10. Rippe (also caudales Ende des Rippenbogens) und in Höhe der Spina iliaca anterior superior, lateral des Außenrandes der Mm. recti abdominis (siehe auch Kreuze in Abb 76).

103

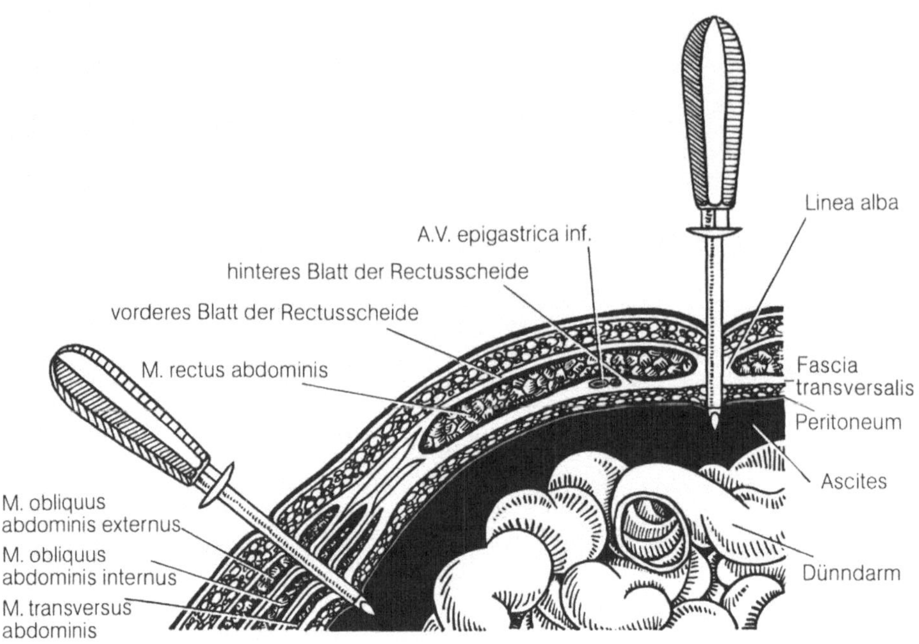

Abb. 77. Querschnitt durch die vordere Bauchwand

Peritonealdialyse

Das Peritoneum ist eine semipermeable Wand mit einer Oberflächenausdehnung, die grob der Filtrationsfläche beider Nieren entspricht. In der Klinik wird daher beim Nierenversagen das Peritoneum als »künstliche Niere« ausgenutzt, da dann zwischen dem Blut in den Peritonealgefäßen und dem Dialysat ein sich ausgleichendes osmotisches Gefälle der harnpflichtigen Substanzen existiert.

Für die Anlage einer Peritonealdialyse wird ein Trokar mit Obturator durch die Linea alba (oberer Drittelpunkt zwischen Nabel und Symphyse) oder am Oberrand der Regio hypogastrica nahe dem lateralen Rectusrand durch die Bauchwand eingeführt. Da die Gefahr besteht, daß eventuell Darm verletzt werden könnte, empfiehlt es sich, zunächst prophyllaktisch die Bauchhöhle über eine großlumige Kanüle mit etwa einem Liter steriler warmer physiologischer Kochsalzlösung aufzufüllen. Nach Einsetzen des Trokars wird durch ihn ein Katheter bis ins kleine Becken vorgeschoben, und die Peritonealdialyse kann beginnen.

Wichtig

1. Punktionen der Bauchhöhle in der Nähe von Narben vermeiden. Durch Adhäsionen könnten Baucheingeweide gefährdet sein.

104

2. Aufpassen, daß nicht versehentlich Darm punktiert wird.
3. Die Blase muß vor einer Punktion der Peritonealhöhle entleert sein, sonst könnte versehentlich die Harnblase punktiert werden (siehe auch suprapubische Harnblasenpunktion).
4. Vor jeder Punktion im Bereich des rechten hypochondrischen Raumes an die Gallenblase denken. Sie liegt in der Tiefe unter dem Schnittpunkt zwischen rechtem 9. Rippenknorpel und lateralem Rectusrand. Deshalb immer lateral dieser Gegend bleiben.
5. Eine übermäßige Auffüllung der Peritonealhöhle bei der Dialyse führt zu einem Zwerchfellhochstand mit möglichen Herzsensationen und kann eine Atelektase des Unterlappens zur Folge haben.

Perkutane Leberbiopsie

Anatomie

Die Leber füllt den rechten hypochondrischen Raum und einen großen Anteil des Epigastriums aus und reicht nur wenig in den linken hypochondrischen Raum hinein. Ihre Oberseite steht in enger Nachbarschaft zum Zwerchfell. Legt man eine Horizontalebene parallel zur oberen Lebergrenze, so verläuft sie an der Haut der ventralen Rumpfwand etwa einen Intercostalraum unterhalb der Brustwarzen. Die untere Lebergrenze beginnt rechts an der Spitze der 10. Rippe, schneidet den linken Rippenbogen an der Spitze des 8. Rippenknorpels und endet etwa zwei Querfinger breit unterhalb der linken Brustwarze. Der Leberunterrand läßt sich bei tiefer Inspiration nur bei wenigen gesunden Menschen palpieren. Man unterscheidet an der Leber einen großen rechten Leberlappen und einen wesentlich kleineren linken. An der nach dorso-caudal gerichteten Leberunterseite erkennt man am rechten Leberlappen zwei kleinere Lappen, den Lobus quadratus und den Lobus caudatus. Sie grenzen unmittelbar an den Lobus sinister.

Den Hilus der Drüse nennt man die Porta hepatis. Sie wird von einer Peritonealausbuchtung umrandet und grenzt an den Lobus quadratus und Lobus caudatus. Durch die Leberpforte treten die A. hepatica propria und die V. portae ein. An ihr verlassen die Ductus hepatici dexter et sinister oder, falls sie sich schon vereinigt haben, der Ductus hepaticus communis die Leber. Von hier gelangt die Galle in den Ductus cysticus und zur Gallenblase und über den Ductus choledochus ins Duodenum. Die Gallenblase beginnt mit ihrem Hals etwa am rechten Rand der Leberpforte und reicht mit ihrem Fundus bis etwas über den Leberunterrand hinaus. Die Lage des Gallenblasenfundus projiziert sich auf die Bauchwand am Schnittpunkt zwischen dem Außenrand des rechten M. rectus abdominis und dem rechten Rippenbogenrand.

An der Rückseite der Leber verläuft die V. cava inferior. Sie ist meist von Leberparenchym umwachsen. Sie grenzt die ebenfalls extraperitoneal gelegene Area nuda des rechten Leberlappens nach medial zu ab. In die V. cava inferior münden die meist 3 großen Lebervenen.

Die Leber liegt mit Ausnahme der Area nuda und des Leberhilus intraperitoneal. An der Area nuda ist die Leber mit dem Zwerchfell verwachsen. Am oberen Rand der Pars affixa schlägt sich das viscerale Peritoneum, das die Leber einhüllt, um und wird zum parietalen Peritoneum, das der Unterseite des Zwerchfells anliegt. Vom Unterrand der Area nuda geht das viscerale Leberperitoneum als parie-

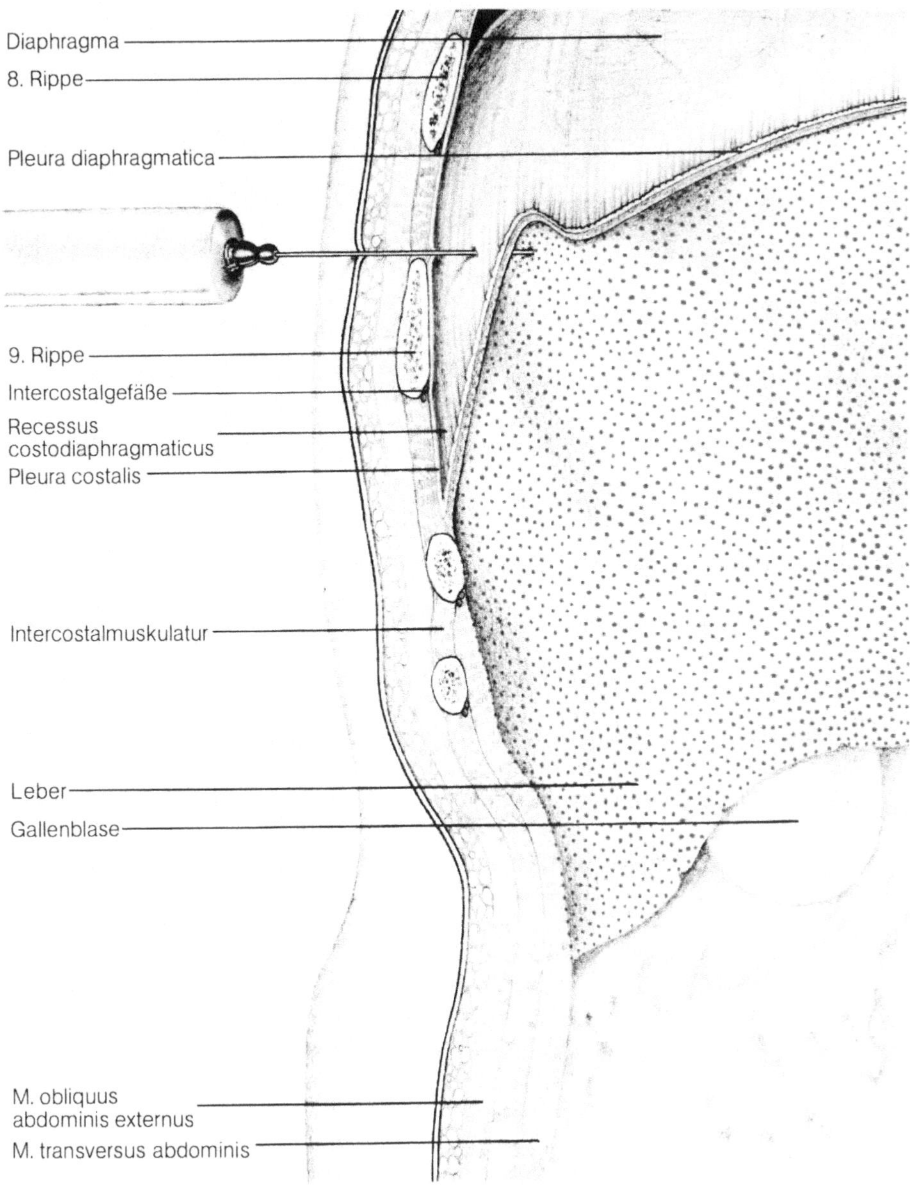

Abb. 78. Frontalschnitt mit Darstellung einer perkutanen Leberbiopsie

tales Peritoneum zur Rückwand der Bauchhöhle, besonders zum oberen Pol der rechten Niere und bildet dabei einen Recessus hepato-renalis.
Für die percutane Leberbiopsie sind die topographischen Verhältnisse an der rechten Leberoberseite besonders wichtig. Hier liegt die Leber der rechten Zwerchfellkuppel an, die sie gegen die Pleurahöhle, die rechte Lunge und gegen die 7.–11. Rippe abgrenzt. In der mittleren Axillarlinie reicht die Lunge bis zur 8. Rippe und

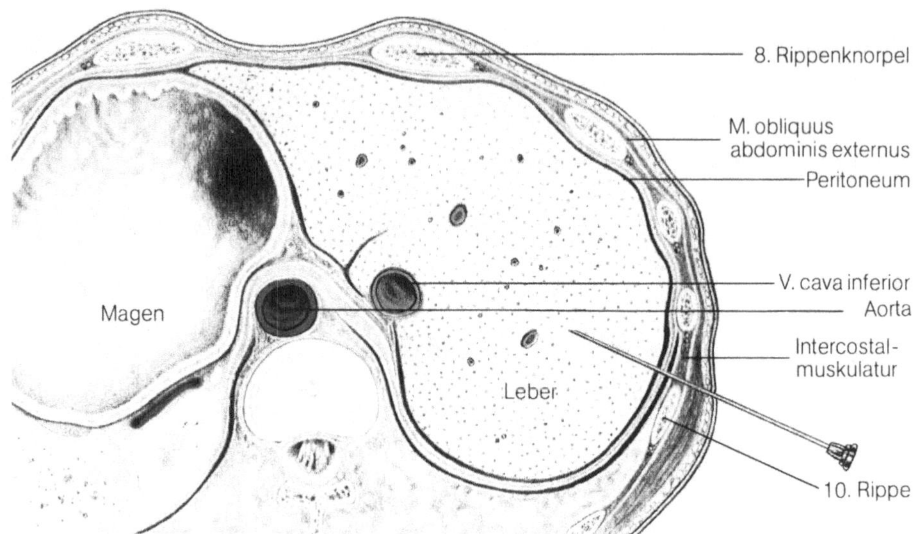

Abb. 79. Horizontalschnitt mit Demonstration der Nadelführung bei der perkutanen Leber-biopsie. Ansicht von kranial

die Pleurahöhle bis zur 10. Rippe herab. Bei normaler Inspiration füllt die Lungen-basis den Interpleuralspalt nicht vollständig aus. So bleibt ein Raum zwischen Pleu-ra costalis und Pleura diaphragmatica erhalten, der Recessus costodiaphragmaticus.

Technik

Man kann eine Leberbiopsie während einer Laparotomie, bei einer Laparoskopie oder aber als percutane Leberblindpunktion durchführen. Gewöhnlich wird für die Leberblindpunktion durch einen Intercostalraum vorgegangen. Es wäre jedoch durchaus möglich, bei stark vergrößerter Leber auch durch die Bauchwand unter-halb des Rippenbogens einzugehen. Dieser subcostale Zugangsweg ist besonders für die Biopsie großer tastbarer Leberknoten brauchbar.

Für die intercostale Leberblindpunktion muß der Patient kooperativ sein und seine Atmung in Kontrolle halten können. Der Patient liegt in Rückenlage. Seine rechte Seite soll möglichst nah an der Bettkante liegen. Ein Kissen wird unter die linke Körperseite gelegt. Die rechte Hand soll der Patient hinter seinem Kopf ver-schränken und seinen Kopf nach links wenden. Die Lebergrenzen werden durch Perkussion und Palpation festgelegt. Ist irgendein Zweifel vorhanden, besonders auch bei einer kleinen Leber, wird eine Abdomenübersichtsaufnahme zu Rate ge-zogen. Der Blutgerinnungsstatus muß normal sein.

Die Punktionsstelle liegt in der mittleren Axillarlinie im 8. oder 9. Intercostal-raum, je nachdem, wo die größere Dämpfung zu hören ist. Bei der Anaesthesie der Thoraxwandschichten und des Peritoneums wird gleichzeitig mit der Kanüle

108

die Tiefe bis zur Leberoberfläche bestimmt. Dann kann die Leberblindpunktion beginnen. Die Punktionsnadel (MENGHINI 1,2–1,4 mm Durchmesser) mit fest angeschlossener Spritze mit physiologischer Kochsalzlösung wird zunächst in der Frontalebene in die Haut eingestochen und danach leicht nach vorne gerichtet. Man geht grundsätzlich am Oberrand der Rippe ein, da hinter ihrem Unterrand im Sulcus costae die Intercostalgefäße und der Intercostalnerv verlaufen. Die MENGHINI-Punktions-Nadel durchsticht Haut, oberflächliche Körperfascie, M. obliquus abdominis externus und die Intercostalmuskulatur. Dabei wird etwas physiologische Kochsalzlösung zur Säuberung der Nadel ausgespritzt. Darauf dringt die Punktionsnadel durch die Pleura costalis, quert den Recessus costodiaphragmaticus, durchsticht die Pleura diaphragmatica und kommt an das Zwerchfell. Jetzt bewegt sich die Punktionsnadel atemsynchron. Der Patient wird nun aufgefordert ein- und auszuatmen und dann in der normalen Exspirationsstellung zu verharren. In diesem Moment wird die Biopsie der Leber durchgeführt, indem die Punktionsnadel unter Sog blitzschnell waagrecht durchs Peritoneum und die Leberkapsel ins Leberparenchym etwa 2–3 cm tief vorgestoßen und wieder zurückgezogen wird. Diese »intrahepatische Phase« der Leberblindpunktion sollte in einer Sekunde abgeschlossen sein. Dabei kann ein Assistent seine Hand flach auf den Thorax des Patienten legen, um sicher zu gehen, daß während des Biopsievorganges die Exspirationsstellung beibehalten wird.

Wichtig

1. Der Patient muß bei der Leberblindpunktion den Anweisungen des Arztes folgen, sonst wird Leberparenchym eingerissen.
2. Die Punktionsstelle sollte nicht vor der mittleren Axillarlinie liegen, da sonst Strukturen an der Leberpforte gefährdet sind.
3. Eine zu forsche Leberblindpunktion kann das Colon, die rechte Niere, das Pankreas und die V. cava inferior verletzen.
4. Ein Pneumothorax ist als Komplikation denkbar.

Inspektion und Palpation von Anus und Rectum
Injektionsbehandlung innerer Haemorrhoiden
Sigmoidoskopie

Anatomie

Die letzten 3–4 cm des Gastrointestinaltraktes bilden den Analkanal. Es ist die Übergangszone vom embryonalen Proctodaeum (ektodermal) in die embryonale Kloake (entodermal). Die Grenzlinie zwischen Schleimhaut und äußerer Haut wird als Linea pectinea bezeichnet. Sie stößt an die charakteristischen Sinus anales, die zwischen den Columnae anales, den 8–10 vertikalen Schleimhautfalten, vorhanden sind. Die Linea pectinea ist eine wichtige anatomische Grenzmarkierung. An ihrer Oberfläche wechselt das Epithel vom verhornenden mehrschichtigen Plattenepithel zum einschichtigen Zylinderepithel, die blasse rosa Haut wird von der pflaumenfarbenen Mucosa abgelöst. Auch die arterielle Gefäßversorgung wechselt hier. Die A. rectalis sup. (ein Ast der A. mesenterica inf.) und die A. rectalis media (ein Ast der A. iliaca int.) versorgen die Schleimhaut oberhalb der Grenzlinie, die A. rectalis inf. (über die A. iliaca int.) erreicht die Zona anocutanea unterhalb der Grenze. Die entsprechenden Venen stehen untereinander in Verbindung und bilden eine Anastomose zwischen portalem und cavalem Einzugsgebiet. Ebenso streng gesondert verläuft der Lymphabfluß aus dieser Gegend. Von oberhalb der Grenzlinie fließt die Lymphe zu den Lnn. iliaci interni ab, von dem Bereich darunter in die Lnn. inguinales superficiales. Auch die nervöse Versorgung ist über und unter der Linea pectinea unterschiedlich: Die autonomen Nervenplexus sind für den kranialen Abschnitt zuständig, zum caudalen treten Äste aus den Rr. perinei des N. pudendus internus.

In die Wände des Analkanales ist ein vielfältiges System von Muskelsphinkteren eingebaut. Gewöhnlich wird nur zwischen einem M. sphincter ani internus und einem M. sphincter ani externus unterschieden. Der glatte M. sphincter ani internus kann als ganglienzellfreie Fortsetzung der inneren Ringmuskelschicht des Rektums angesehen werden. Er umgibt die oberen drei Viertel des Analkanals. Der quergestreifte M. sphincter ani externus hat wahrscheinlich eine einheitlich durchgehende Schicht, wird jedoch gewöhnlich als aus drei Teilen zusammengesetzt beschrieben: einem subcutanen, einem oberflächlichen und einem tiefen Teil.

Der M. levator ani, die tiefe Portion des M. sphincter ani externus und der M. sphincter ani internus bilden zusammen den anorektalen Muskelring. Der Analkanal ist ventrokranialwärts ausgerichtet und geht ein wenig unterhalb und ventral der Spitze des Os coccygis in das Rektum über.

Das Rektum ist etwa 12 cm lang und weit davon entfernt, gerade zu sein, wie sein Name vermuten ließe. Tatsächlich macht es eine deutliche Krümmung von ventral nach dorsal, wobei es sich eng an die Konkavität des Os sacrum anschmiegt. Das Rektum hat normalerweise drei laterale Einbuchtungen, zwei links und eine rechts. Bei der Sigmoidoskopie erkennt man sie als HOUSTON'sche Falten, die in das Rektumlumen vorspringen. Sie enthalten alle Wandschichten des Rektums. Caudal der Falten ist der Mastdarm zur Ampulla recti erweitert.

Das obere Drittel des Rektums wird, mit Ausnahme eines schmalen Streifens an der Dorsalseite, von Peritoneum überzogen. Das mittlere Rektumdrittel ist lateral und dorsal ohne Peritonealüberzug, das untere Drittel hat sich vom Peritoneum des Beckens vollständig gelöst. Hier ist das Bauchfell schon nach ventral abgeschwenkt, um die übrigen Beckenorgane zu überziehen.

Die Peritonealaussackungen zwischen den Beckeneingeweiden werden nach den benachbarten Organen benannt. So befindet sich beim Mann zwischen Rektum und Harnblase die Excavatio recto-vesicalis. Bei der Frau entspricht sie der Excavatio recto-uterina, dem DOUGLAS'schen Raum. Diesem Raum, der tiefsten Stelle der Bauchhöhle, gilt das besondere klinische Interesse. Hier kommen bevorzugt Abszesse (DOUGLAS-Abszeß), Peritonitis und Tumoren (KRUKENBERG-Tumoren) vor. Nach kranial zu geht das Rektum in Höhe des 3. Sakralwirbels in das Colon sigmoideum (Sigma) über.

Digitale rektale Untersuchung

Der Patient soll sich in eine für ihn bequeme linke Seitenlage legen. Seine linke Hüfte wird nah an die Bettkante herangezogen, sodaß sich das Gesäß leicht über der Bettkante befindet. Unter die linke Hüfte kann man ein hartes Kissen schieben. Nun wird der Patient aufgefordert, die Knie soweit an den Bauch zu ziehen, bis eine Hüftflexion von etwa 90° erreicht ist. Natürlicherweise will der Patient dem Untersucher zusehen. Hierdurch verschlechtert sich jedoch die Untersuchungsposition und so wird man den Patienten auffordern, entspannt liegen zu bleiben und von der Untersuchungsstelle wegzusehen.

Vor jeder digitalen Untersuchung der perianalen Gegend auf verdächtige pathologische Erscheinungen, sollte man zunächst die Gesäßbacken auseinanderdrängen und die Analöffnung genau inspizieren. Danach wird der Analkanal mit dem gut eingesalbten, fingerlinggeschützten rechten Zeigefinger ausgetastet. Zunächst fühlt man die »Intersphinkterenrinne« zwischen dem Oberrand des subcutanen Anteils des M. sphincter ani externus und dem Unterrand des M. spincter ani internus. Die Linea pectinea und die Sinus anales können nur getastet werden, wenn sie krankhaft verändert sind. Nun gleitet der Finger ins Rektum, wo man beim nicht gut abgeführten Patienten auf Faecesreste treffen kann. Der Finger streicht über die glatte Rek-

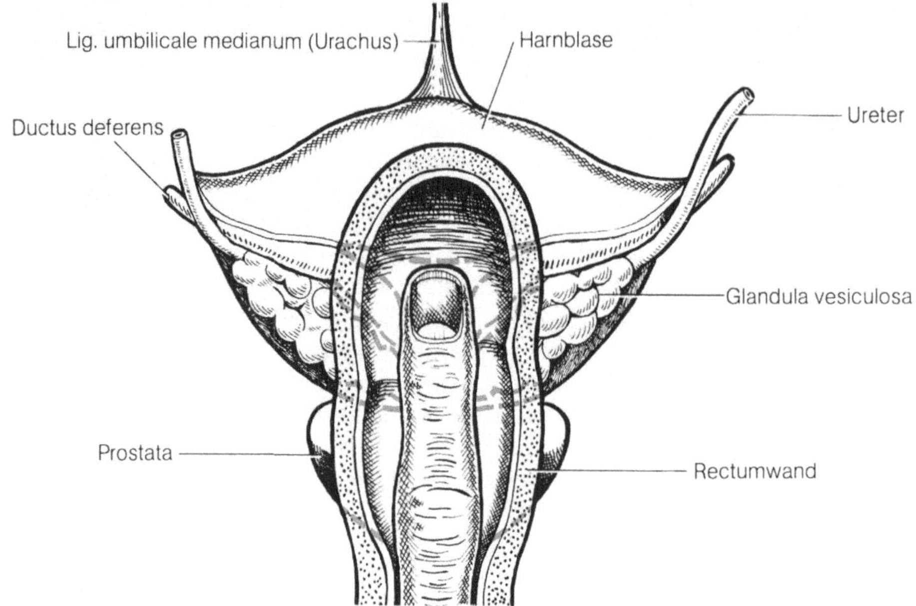

Abb. 80. Frontalschnitt durch das Becken bei digitaler rektaler Untersuchung

tumschleimhaut und tastet nach ins Darmlumen ragenden pathologischen Veränderungen, nach intramuralen Veränderungen oder nach krankhaften Prozessen in der Umgebung des Rektums (Periproctium). Untersucht man gleichzeitig mit der linken Hand das untere Abdomen, so können pathologische Veränderungen, die man zunächst mit dem Finger nicht erreichen konnte, palpiert werden, besonders dann, wenn man den Patienten zusätzlich auffordert, wie für den Stuhlgang zu pressen. Nach ventral zu kann man beim Mann den Bulbus penis und die sich schwammartig anfühlende Urethra tasten. Sie ist besonders deutlich zu fühlen, wenn ein Katheter in sie eingeführt ist. Die 5–6 cm von der Analöffnung entfernte Prostata und gelegentlich auch die Glandulae vesicales lassen sich ebenfalls mit dem Finger palpieren. An der gesunden, normal großen Prostata lassen sich die zwei lateralen Lappen deutlich durch den medianen Sulcus voneinander abgrenzen. Die Rektumschleimhaut läßt sich mit dem Finger leicht gegen die Prostatakapsel verschieben.

Bei der Frau kann man die Cervix oder den Fundus eines retrovertierten Uterus mühelos palpieren. Gelegentlich kann man auch die Ovarien im DOUGLAS'schen Raum tasten. Die Fossae ischiorectales und die Spinae ischiadicae liegen bei Mann und Frau lateral des untersuchenden Fingers. Nach dorsal zu kann man das Os sacrum und das Os coccygis abtasten. Beim Zurückziehen des Fingers kann man den anorektalen Ring spüren. Schließlich wird der Fingerling noch auf Blutspuren, Schleim oder Eiter überprüft.

112

Abb. 81. Rektale Untersu-
chung beim Mann

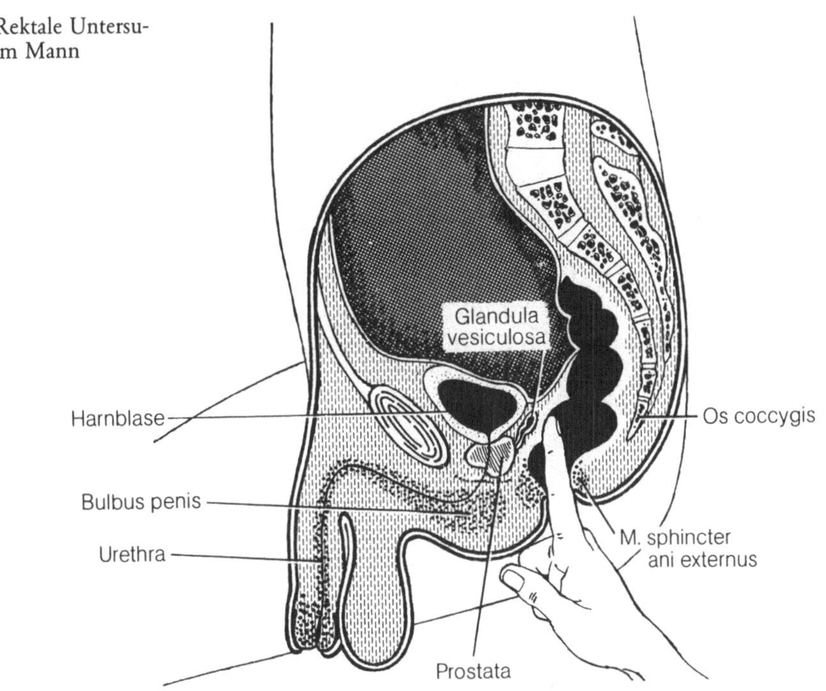

Glandula vesiculosa
Harnblase
Bulbus penis
Urethra
Prostata
Os coccygis
M. sphincter ani externus

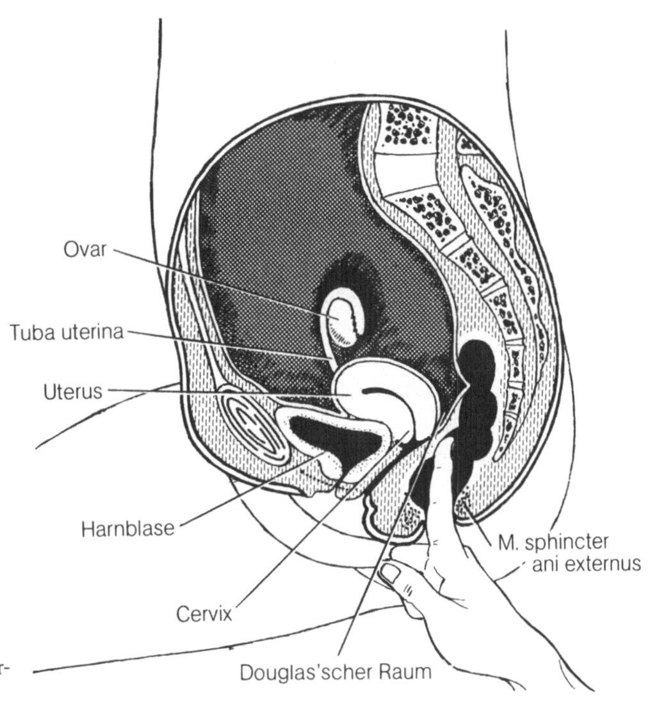

Ovar
Tuba uterina
Uterus
Harnblase
Cervix
M. sphincter ani externus
Douglas'scher Raum

Abb. 82. Rektale Unter-
suchung bei der Frau

Rektoskopie und Verödung innerer Haemorrhoiden

Eine digitale rektale Untersuchung muß jeder Proktoskopie vorausgehen. Der
Patient wird in linker Seitenlage an der Bettkante gelagert. Die Knie soll er etwas an
den Bauch heranziehen. Einige Untersucher bevorzugen die fast entwürdigende
Knie-Ellenbogen-Lage. Das eingesalbte Instrument wird in die Analöffnung eingeführt und sanft kranialwärts in Nabelrichtung vorgeschoben. Es wird zunächst von
den Analsphinkteren eingeschnürt, diese erschlaffen jedoch, wenn das Proktoskop
mit sanftem Druck in den oberen Analkanal gelangt ist. Jetzt ist es üblich, die Spitze
des Proktoskopes dorsalwärts zu schwenken, um einen übermäßigen Druck auf die
Prostata zu vermeiden. Das Instrument kann nun aus dieser neuen Haltung weiter
vorgeschoben werden, bis die Öffnung des sich am Ende konisch verbreiternden
Proktoskopes vor dem Anus angelangt ist.

Nun wird der Obturator herausgezogen und seine Spitze auf Eiter-, Blut und
Schleimspuren überprüft. Die Oberfläche des Analkanals wird inspiziert. Beim
langsamen Zurückziehen des Proktoskopes drängen die inneren Haemorrhoiden,
sofern vorhanden, deutlich sichtbar an der Instrumentenspitze ins Lumen vor.
Innere Haemorrhoiden sind erweiterte Venen aus den submucösen Venenplexus
des unteren Rektums und des Analkanals. Sie sind von Submucosa und Mucosa
überzogen. Es sind hauptsächlich Venen aus dem Einzugsgebiet der V. rectalis
superior, aber sie enthalten auch arterielles Blut über einen Ast der A. rectalis superior. Innere Haemorrhoiden werden erst palpierbar, wenn sie thrombosiert sind.

Zur Behandlung innerer Haemorrhoiden wird oft in die umgebende Submucosa eine Lösung infiltriert, die über eine entzündliche Reaktion zum langsamen Ver-
schluß der varicösen Venen führt. Die Injektionsstelle liegt nahe dem ano-rektalen
Ring. Ihn erkennt man an dem dahinter vorspringenden M. levator ani. Die Äste
der A.V. rectales superiores verzweigen sich asymmetrisch. Das erklärt auch, warum
beim in der »Steinschnittstellung« gelagerten Patienten die inneren Haemorrhoidal-
knoten gewöhnlich bei 3, 7 und 11 Uhr vorkommen. Man instilliert die Injektions-
lösung in die Submucosa nahe dem anorektalen Ring und jeweils oberhalb eines
jeden Haemorrhoidalknotens.

Sigmoidoskopie

Der Patient liegt wiederum in linker Seitenlage. Eine einleitende digitale rektale
Untersuchung soll nicht vergessen werden. Das erwärmte, gut eingesalbte Simoi-
doskop wird in den Analkanal eingeführt und zunächst in Richtung auf den Nabel
vorgeschoben. Wiederum kann man den Tonus der Analsphinkteren als leichten
Widerstand spüren. Nachdem der Analkanal passiert ist, wird das Okularende des
Sigmoidoskopes nach vorne geschwenkt, sodaß das Instrument die konkave sakrale
Rektumkrümmung ausgleicht. Ein weiteres Vordringen des Rohres geschieht am
besten unter Sicht des Auges. Einige seitliche drehende Bewegungen müssen um
die HOUSTON'schen Falten herum gemacht werden. Die Richtung kann bis zum
rekto-sigmoidealen Übergang beibehalten werden, der etwa 15 cm vom Anus

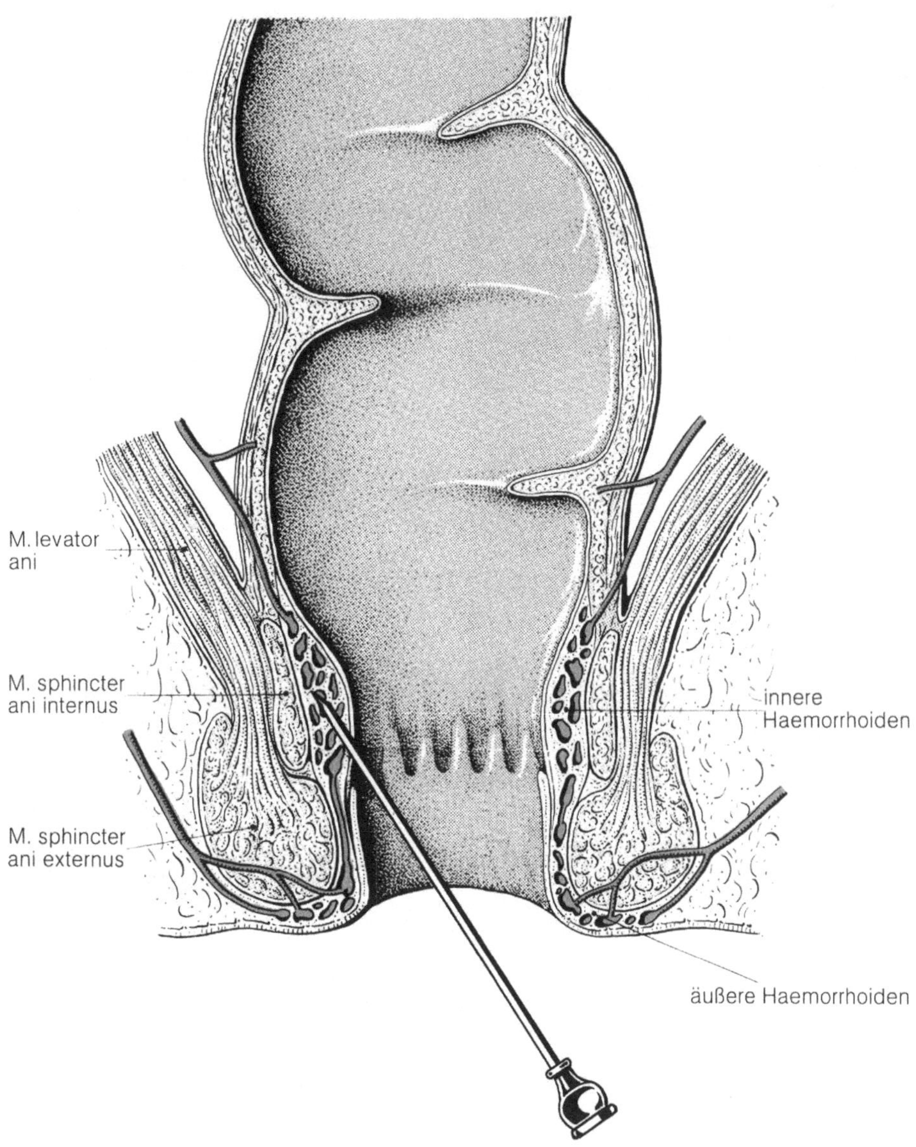

Abb. 83. Injektionsbehandlung von inneren Haemorrhoiden

entfernt ist. Das Sigma biegt nach ventral und links ab, sodaß nun das Okularstück des Sigmoidoskopes nach dorsal und kranial in Richtung auf die rechte Hüfte des Patienten geschwenkt werden muß. Ist dies geglückt, so kann das Sigmoidoskop sanft das Sigma entlang gleiten und bis zu seiner vollen Instrumentenlänge 25–30 cm tief vordringen.

Wichtig

1. Bei der digitalen Untersuchung die Cervix uteri nicht mit einem Rektumtumor verwechseln.
2. Die Instillation einer das Bindegewebe reizenden Flüssigkeit unterhalb der Linea pectinea ist sehr schmerzhaft.
3. Das Sigmoidoskop sollte sanft vorgeschoben werden, besonders im Bereich des rekto-sigmoidealen Überganges. Die Dickdarmperforation ist ein typischer Kunstfehler bei der Sigmoidoskopie.

Urogenitalsystem

Perkutane Nierenbiopsie

Anatomie

Die Nieren sind paarige retroperitoneal gelegene Organe, die an der dorsalen Bauchwand liegen. Sie sind von einem dicken Fettmantel umgeben und werden von der Fascia renalis eingehüllt. Die 150–200 g schwere Niere eines Erwachsenen ist etwa 11cm lang, 6 cm breit und 3 cm dick. Die Nieren liegen an der hinteren Bauchwand schräg angeordnet. Ihr oberer Pol ist der Mittellinie näher zugewandt als der untere. Zieht man Longitudinalachsen durch beide Nieren vom oberen zum unteren Pol, so schneiden sich die Achsen in Höhe des 8. Brustwirbelkörpers. Die Vorderseite beider Nieren ist etwas lateralwärts gerichtet. Die Einsenkung an der medialen Nierenseite wird Hilus renalis genannt. An ihm finden sich von ventral nach dorsal: V. renalis, A. renalis und der Übergang vom Nierenbecken in den Ureter. Der Höhenbezug des Nierenhilus zur Wirbelsäule ist von der Körperhaltung und dem Zwerchfellstand abhängig. Gewöhnlich entspricht er der Horizontalebene durch die Bandscheibe zwischen L_1 und L_2 (transpylorische Ebene). Die rechte Niere steht gewöhnlich etwas tiefer als die linke. Deshalb läßt sich bei mageren Menschen manchmal ihr unterer Pol bei tiefer Einatmung palpieren.

Die Vorderflächen beider Nieren grenzen an sehr unterschiedliche Organe. So legt sich der rechten Niere an ihrem oberen Pol die Glandula suprarenalis an, der medialen Seite ist die Pars descendens duodeni benachbart und darunter Dünndarm. Die noch größtenteils freie Vorderfläche der rechten Niere wird vom rechten Leberlappen abgedeckt, die latero-caudale Ecke wird von der Flexura coli dextra überlagert.

An den linken oberen Nierenpol grenzen die linke Nebenniere und der Magen. Über den lateralen Bereich schiebt sich die Milz, die laterale Ecke des unteren Nierenpols wird vom Colon descendens verdeckt. Über den Hilus der linken Niere legt sich die Cauda des Pankreas, der untere Nierenpol steht in Nachbarschaft zum Jejunum.

Die Umgebung auf der Rückseite beider Nieren ist einheitlich. Beide Nieren grenzen nach oben zu an das Zwerchfell, die 12. Rippe und die Pleurahöhle. Ansonsten liegen sie den dorsalen Bauchmuskeln an. Von lateral nach medial sind dies der M. transversus abdominis, der M. quadratus lumborum und der M. psoas maior. Zwischen Fascia transversalis und M. quadratus lumborum verlaufen die Nn. intercostalis XII, iliohypogastricus und ilioinguinalis. Sie kreuzen die Rückseite der Nierenkapsel schräg latero-caudalwärts.

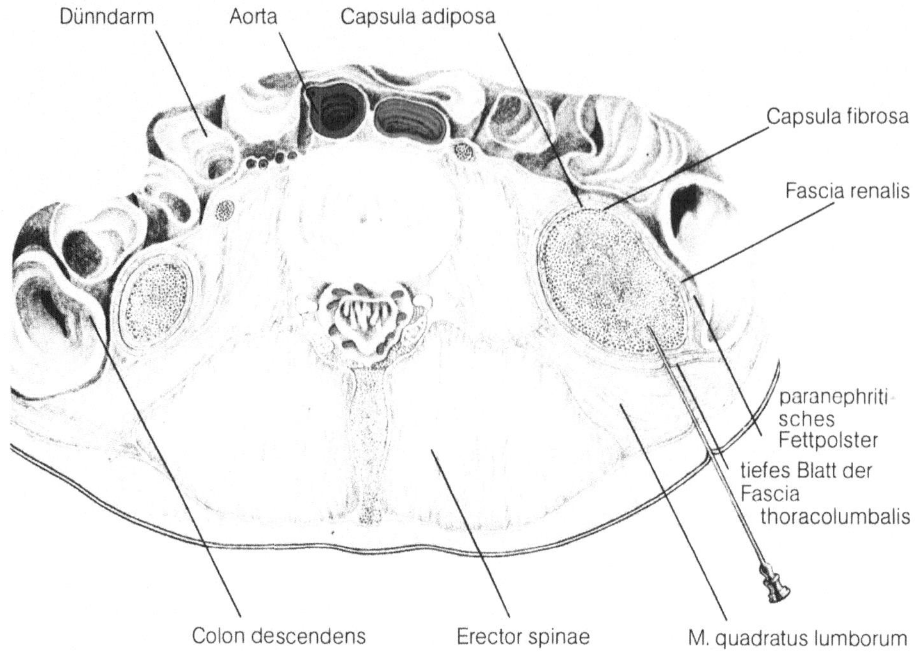

Abb. 84. Horizontalschnitt in Höhe von L3 auf L4 mit Demonstration der Nadelführung bei der perkutanen Nierenbiopsie

Technik

Verschiedene Methoden der perkutanen Nierenbiopsie sind beschrieben worden. Bei der ersten wird der Patient in Bauchlage gelagert, ein hartes Kissen wird ihm unter das Abdomen geschoben. Dadurch werden die Nieren gegen die Rückwand des Bauches fixiert. Der Patient wird kurz über den Ablauf der Biopsie informiert. Er soll vorher schon etwas üben, den Atem in tiefer Inspirationsstellung anhalten zu können.

Die Niere wird in einer Abdomenübersichtsaufnahme oder mittels eines i.v. Urogramms dargestellt. Die Röntgenaufnahmen werden in Bauchlage des Patienten angefertigt und bei voller Inspiration und Exspiration geschossen, um Lage und Bewegungsspiel der Nieren bestimmen zu können. Nierenbiopsien werden gewöhnlich aus dem äußeren Bereich des unteren rechten Nierenpols entnommen. Über die Lokalisation der Biopsiestelle werden in der Literatur viele Methoden angegeben.

Die folgende Technik ist einfach und wird häufig angewandt. Man zieht auf dem Röntgenbild eine Senkrechte durch die Dornfortsätze der Lendenwirbelsäule. Die vorgesehene Punktionsstelle an der Niere wird im Röntgenbild aufgesucht und ihr Abstand von den Proc. spinosi der Lendenwirbelsäule gemessen. Die Maße werden auf den Patienten übertragen. dazu werden zwei Parallelen gezogen, wovon die erste über die Dornfortsätze, die andere (Biopsielinie) über das vorgesehene Punktionsgebiet verläuft. Nun wird die 12. Rippe palpiert und markiert. Die

120

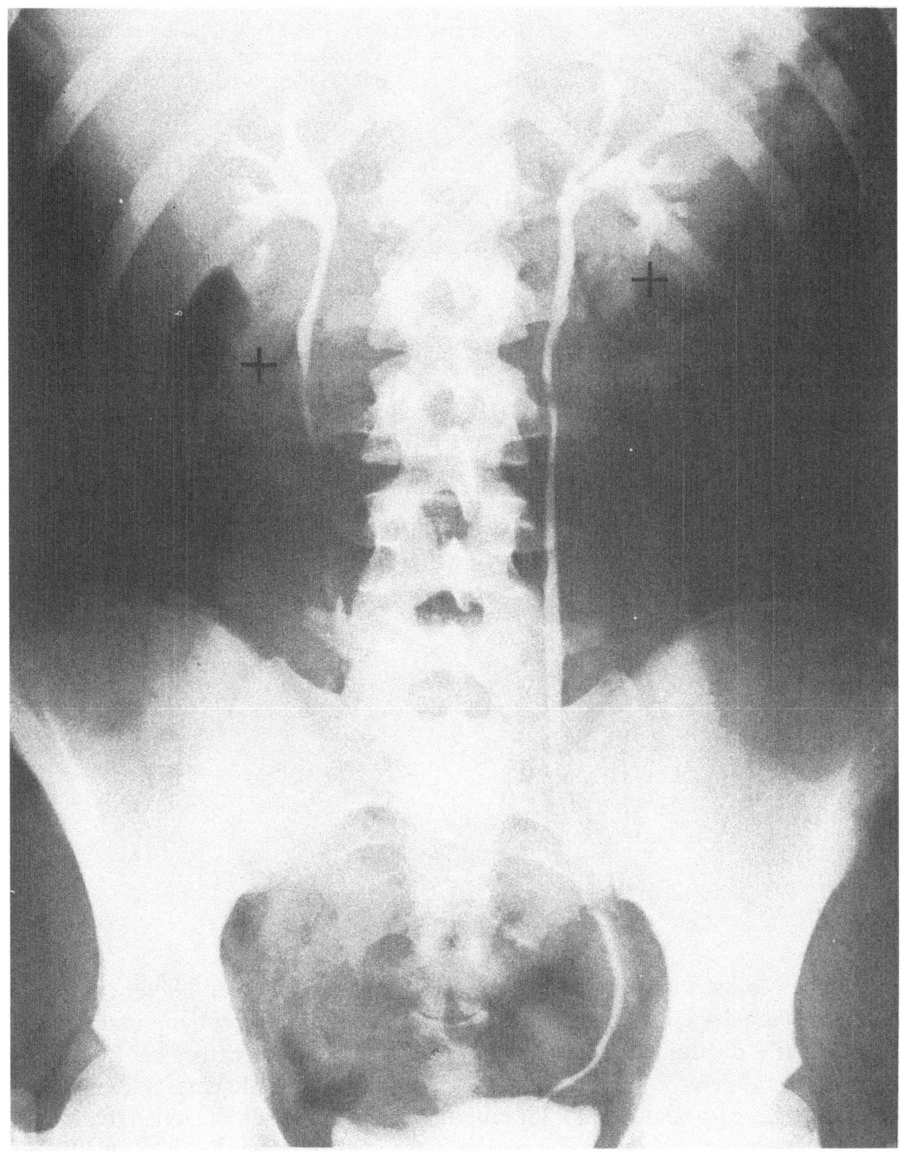

Abb. 85. Normales i.v. Urogramm mit Angabe von möglichen Nierenpunktionsstellen (+)

Punktionsstelle liegt auf der Biopsielinie 2,5 cm caudal des Unterrandes der 12. Rippe.

Bei einer anderen Methode wird so vorgegangen, daß man auf dem Röntgenbild die Abstände zwischen der vorgesehenen Punktionsstelle und der Crista iliaca, und der Punktionsstelle und der Medianlinie mißt. Die Meßwerte werden wiederum auf dem Rücken des Patienten eingezeichnet. Zur genaueren Orientierung werden

121

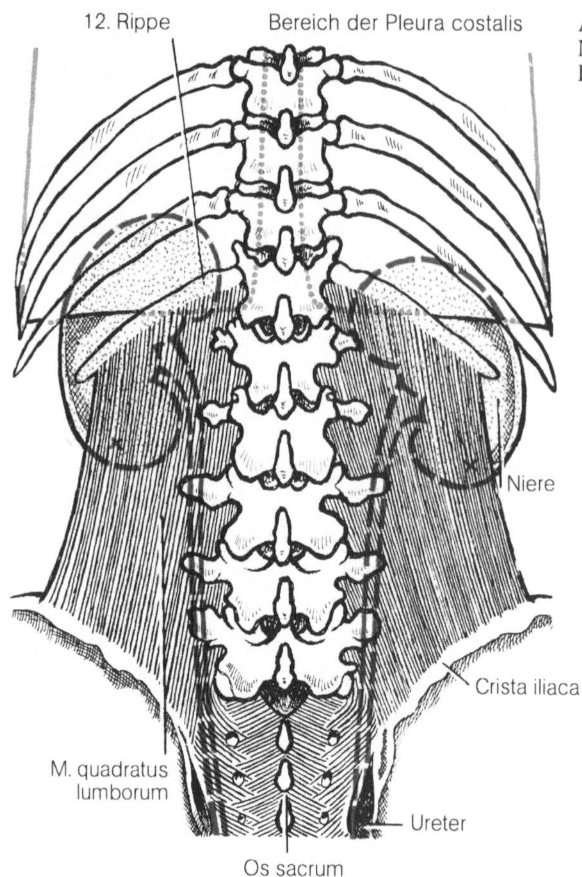

Abb. 86. Ansicht von dorsal auf die Nieren mit Angabe der typischen Punktionsstellen (×)

zusätzliche Markierungslinien gezogen: Eine Linie am lateralen Nierenrand, eine weitere entlang der Crista iliaca, eine Linie an der 12. Rippe entlang und schließlich noch eine, die dem lateralen Rand des M. sacrospinalis entspricht.

Bei einer anderen Methode sitzt der Patient an der Kante einer harten Untersuchungsliege, beide Füße sind auf einen Stuhl gestellt. Mit seinem Oberkörper soll sich der Patient auf einen mit einem Kissen gepolsterten Bettisch aufstützen. Gewöhnlich wird mit dieser Methode die linke Niere punktiert. Die vermutliche Lage der Niere wird mit zwei oder drei Clips markiert, die links auf der Rückenhaut des Patienten befestigt werden. Sodann wird vom sitzenden Patienten eine Abdomenübersichtsaufnahme bei tiefer Inspirationsstellung angefertigt. Im Röntgenbild erkennt man die Lage der Clips zur Niere. Liegen die Clips richtig, werden sie in situ bis zur anschließenden Punktion belassen. Der unterste Clip soll immer die vorgesehene Punktionsstelle andeuten.

Die genaueste Führung der Punktionsnadel kann in einer Röntgenabteilung unter Kontrolle auf dem Bildwandler erfolgen. Dies ist aber gewöhnlich nicht notwendig.

122

Hat man die Punktionsstelle festgelegt und die dorsale Bauchwand lokal anaesthesiert, wird eine feine Probepunktionsnadel senkrecht durch die Haut auf die Niere zu eingestochen. Die Nadel durchdringt nacheinander: Haut, oberflächliche Körperfascie, das dorsale Blatt der Fascia lumbodorsalis, dann gewöhnlich die laterale Kante des M. quadratus lumborum. Danach durchbohrt die Nadel das ventrale Blatt der Fascia lumbodorsalis und das paranephritische Fett und wird nun vorsichtig weitergeschoben, bis sie in die Fascia renalis eindringt. Der Patient wird während der ganzen Zeit, in der die Nadel vordringt, aufgefordert, den Atem in Inspirationsstellung anzuhalten. Nach jedem kurzen Vorrücken der Nadel wird diese losgelassen, der Patient darf dann wieder atmen, und die Nadel wird auf atemsynchrone Bewegungen hin beobachtet. Wenn die Probepunktionsnadel vor der Fascia renalis angelangt ist, soll der Patient einmal tief Luft holen und diese dann anhalten. Jetzt wird die Nadel behutsam durch die Fascia renalis eingestochen, dringt durch die perinephritische Fettkapsel, darauf durch die fibröse Nierenkapsel und ins Nierenparenchym ein. Die Probepunktionsnadel wird in situ losgelassen und wiederum auf atemsynchrone, longitudinale bogenförmige Bewegungen hin beobachtet. Die Punktionstiefe wird markiert und die Nadel herausgezogen. Der Patient kann jetzt wieder normal weiter atmen. Auf dem gleichen Weg wird nun rasch die Biopsienadel vordringen. Währenddessen muß der Patient die ganze Zeit über den Atem in tiefer Inspirationsstellung anhalten.

Bei einigen Patienten, z.B. bei der Schwangeren, kann es notwendig werden, die Nierenbiopsie am aufrecht Sitzenden durchzuführen.

Wichtig

1. Die Biopsiestelle muß durch vorherige Röntgenkontrollen lokalisiert und abgesichert werden.
2. Bei jedem Vordringen der Punktionsnadel muß der Patient in tiefer Inspirationsstellung den Atem anhalten.
3. Der untersuchende Arzt darf niemals die Punktionsnadel festhalten, wenn der Patient atmet. Sonst könnte ein schwerer Nierenparenchymeinriß die Folge sein.

Katheterisierung der Urethra
Cystoskopie
Suprapubische Harnblasenpunktion

Anatomie

Die Urethra des Mannes ist ungefähr 20 cm lang. Sie wird in drei Abschnitte eingeteilt: Pars spongiosa, Pars membranacea und Pars prostatica.

Der spongiöse Anteil der Urethra beginnt am Ostium urethrae externum, der engsten Stelle der Harnröhre. Danach erweitert sie sich in der Glans penis zur Fossa navicularis und verläuft durch die gesamte Länge des Corpus spongiosum penis. Dieser Teil der Urethra ist etwa 15 cm lang. Er geht in den membranösen Abschnitt der Urethra über, der unter der Membrana perinealis beginnt. Zahlreiche Drüsen, kleine Nischen und Lakunen sind in der Submukosa des spongiösen Urethraabschnittes vorhanden. Ihre Öffnungen sind nach vorne zu gerichtet. Die Lacuna magna am Dach der Fossa navicularis kann so groß sein, daß sie das Vordringen des Katheters verhindert.

Die Pars membranacea der Urethra beginnt unterhalb der Membrana perinealis und erstreckt sich durch das Diaphragma urogenitale und die Fascia pelvina bis zur Prostata. Die Membrana perinealis und die Fascia pelvina sind die Begrenzungen des Diaphragma urogenitale. Zwischen diesen Platten befindet sich der quergestreifte, willkürlich innervierte M. sphincter urethrae. Dieser enge Bereich der Harnröhre ist etwa 2 cm lang und am wenigsten dehnbar. Die Urethra verläuft dann kranialwärts durch die Prostata weiter.

Die Pars prostatica der Harnröhre ist etwa 3 cm lang. Sie ist sehr weit und läßt sich am meisten dehnen. Auf ihrer Dorsalseite befindet sich eine longitudinale, mediane Leiste, die Crista urethralis. Beidseits dieser Crista ist eine Rinne, der Sinus prostaticus, in den die zahlreichen Ductuli prostatici münden. Auf der Crista urethralis erkennt man auf der Kuppe des Colliculus seminalis die feine Öffnung des Utriculus prostaticus, seitlich davon münden die Ductus ejaculatorii.

Die weibliche Urethra ist nur 4–5 cm lang und beginnt innerhalb des Vestibulum vaginae vor der Vaginalöffnung am Ostium urethrae externum. Im Gegensatz zur Harnröhre des Mannes, werden bei der weiblichen Urethra keine einzelnen Abschnitte unterschieden. Nur die Pars membranacea ist bei beiden Geschlechtern in gleicher Weise vorhanden.

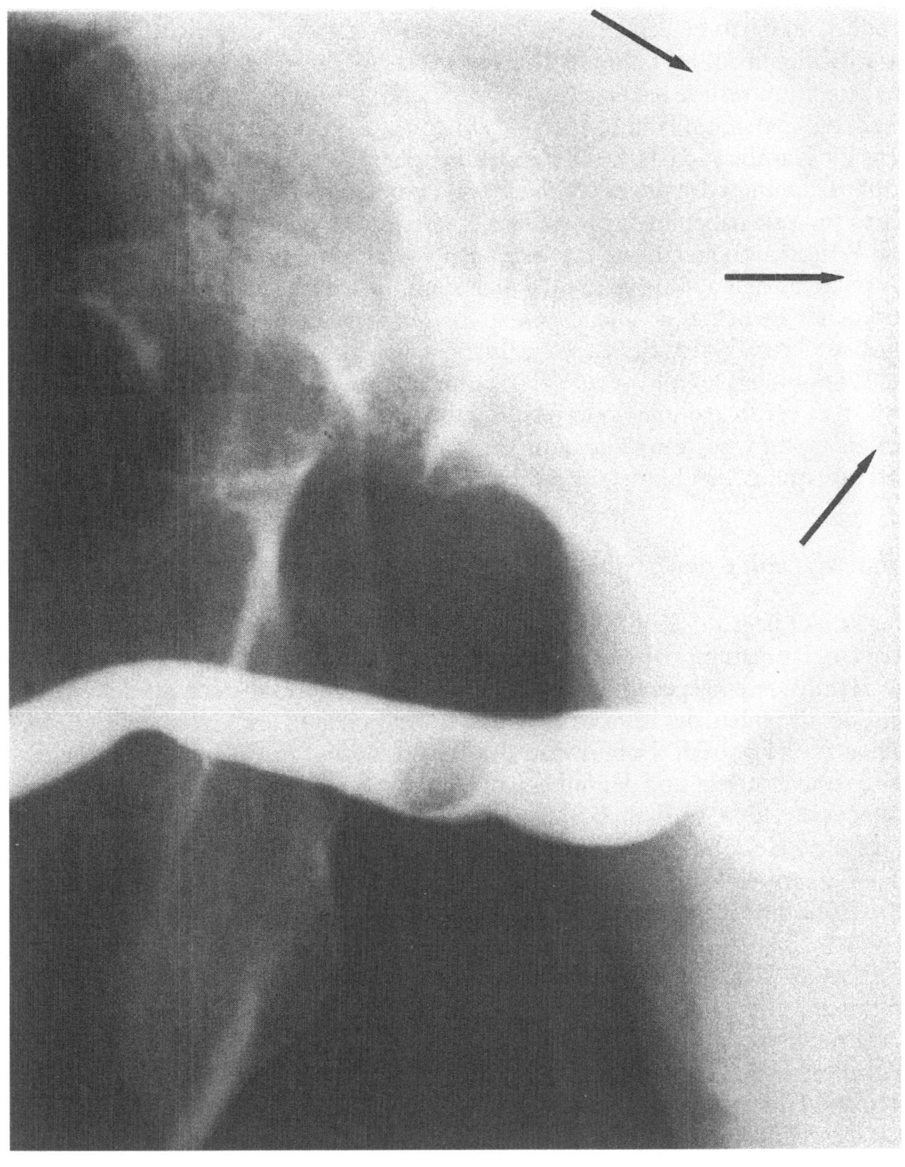

Abb. 87. Normales Urethrogramm mit Luftblase in der Pars spongiosa der Harnröhre.
(↘) Kontrast in der Harnblase, (↗) Pars membranacea urethrae, (→) Pars prostatica urethrae

Die Urethra endet bei Mann und Frau am Ostium urethrae internum, das in
die Harnblase mündet. Die Öffnung wird von einem nicht der Willkür unterwor-
fenem, glatten Schließmuskel umgeben, einer Muskelschlinge, deren Existenz von
den meisten Ärzten anerkannt wird. Er liegt an der Spitze des glatten dreieckigen
Schleimhautareals am Blasengrund, dem Trigonum vesicae. Es ist der klinisch wichtigste Teil der Harnblase. Die Basis des Dreiecks wird von der Plica interureterica

gebildet, an deren beiden lateralen Enden die Ureteröffnungen sichtbar sind. Die Blasenschleimhaut ist, besonders bei leerer Harnblase, in Falten aufgeworfen, nur das Trigonum vesicae hat eine glatte Oberfläche. Größe, Form und Lage der Harnblase sind von ihrem Füllungszustand abhängig. Bei Säuglingen und Kleinkindern neigt die Harnblase dazu, sich bei zunehmender Füllung größtenteils in die Bauchhöhle dicht unter der ventralen Bauchwand vorzudrängen, beim Erwachsenen dagegen sinkt sie dabei mehr ins kleine Becken ab. Der Scheitel der Harnblase wird von Peritoneum überzogen, das sich nach vorne zu unter Ausbildung des Recessus pubovesicalis auf die ventrale Bauchwand umschlägt. Füllt sich die Harnblase und dehnt sie sich zunehmend aus, so folgt das parietale Bauchwandperitoneum der Blase kranialwärts, der Recessus braucht sich auf. Dadurch entsteht oberhalb des Os pubis ein Harnblasenareal, das unmittelbar an die Bauchwand anschließt, ohne daß Peritonealhöhle oder Peritoneum dazwischen liegt. Dieser extraperitoneale Zugang wird unter anderem bei der suprapubischen Harnblasenpunktion und suprapubischen Katheterisierung der Blase ausgenutzt.

Katheterisierung der Urethra

Der Patient liegt auf dem Rücken. Das Ostium externum urethrae und die umgebenden Hautpartien werden desinfiziert. Ein Schleimhautanaesthetikum kann in die Harnröhre eingegeben werden. Der rechtshändige Arzt steht auf der rechten Seite des Patienten, der Penis wird mit der linken gehalten und das Praeputium vorsichtig zurückgestreift. Darauf wird der Penis im 90° Winkel zur Bauchwand gehalten und gestreckt und der mit einem Gleitmittel eingeschmierte sterilisierte Katheter (z.B. TIEMANN Katheter) durch das enge Ostium externum der Harnröhre eingeführt. Gewöhnlich gleitet er leicht durch den spongiösen Abschnitt der Urethra. Ein sanfter Widerstand kann jedoch verspürt werden, wenn die Katheterspitze in Höhe des M. sphincter externus anlangt. Der Schaft des Penis wird dann schenkelwärts gesenkt und der Katheter unter sanftem Druck durch die Sphinkterenge geschoben. Gleichmäßiges tiefes Atmen des Patienten kann zur Erschlaffung des Sphinkters und zur Entkrampfung des Patienten beitragen. Gelingt es nicht, den Widerstand hier sanft zu überwinden, kann es notwenig werden, den Patienten kurz allgemein zu narkotisieren. Man könnte auch die suprapubische Harnblasenpunktion anwenden. Unter einer Vollnarkose erschlafft der M. sphincter externus rasch. Der Katheter dringt dann leicht durch den membranösen und prostatischen Abschnitt der Urethra zur Harnblase vor. Am Schluß der Katheterisierung darf das Zurückstreifen der Vorhaut nicht vergessen werden.

Bei der Frau ist die Katherisierung sehr einfach, da die weibliche Harnröhre viel kürzer, weiter und dehnbarer ist. Im Gegensatz zur S-förmig gekrümmten männlichen Harnröhre hat die Frau eine gerade Urethra.

Cystoskopie

Das starre Cystoskop wird ähnlich wie ein Urethrakatheter eingeführt. Große Vorsicht ist geboten, da das Instrument schwer ist und deshalb besonders leicht einen

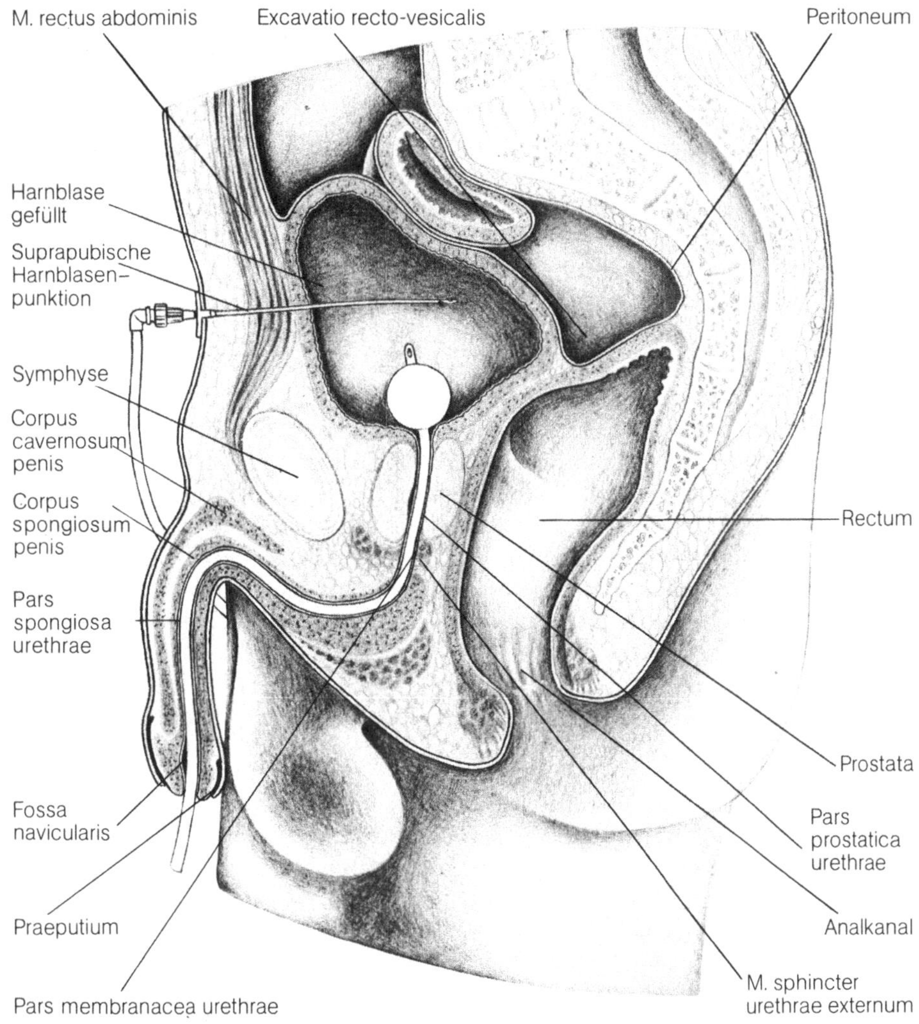

Abb. 88. Medianer Sagittalschnitt durch ein männliches Becken mit Darstellung einer suprapubischen Harnblasenpunktion und eines Urethrakatheters

falschen Weg einschlägt, wenn man einen Widerstand gewaltsam überwinden will. Durch sein Eigengewicht gleitet das Cystoskop am Boden der Urethra entlang. Dadurch wird vermieden, daß die Cystoskopspitze in einer der vielen nischenartigen Recessus der Harnröhre hängen bleibt. Die Spitze des Cystoskopes ist in der Regel gegen dessen Schaft hin abgewinkelt. Das Instrument wird so eingeführt, daß die Spitze genau nach oben zeigt, damit die Krümmung zwischen der Pars spongiosa und der Pars membranacea der Urethra leicht ausgeglichen werden kann, wenn man den Penis dabei zusätzlich noch zwischen die Oberschenkel herabzieht. Im Bereich der Pars membranacea urethrae ist besonders vorsichtiges und sorgfältiges Vorgehen nötig, da die Urethra hier nur durch die Membrana perinealis gehalten wird. Ist man durch das Ostium urethrae internum, an der Spitze des Trigonum vesicae, in die Harnblase gelangt, so kann man die Uretermündungen an den lateralen Enden der Plica interureterica erkennen. Für weitere diagnostische Zwecke wäre es nun möglich, Ureterkatheter in die Harnleiter hinaufzuschieben.

Suprapubische Harnblasenpunktion

Mit dieser Methode kann nicht nur eine sterile Urinprobe gewonnen werden, sie ist auch eine mögliche Alternative zur transurethralen Katheterisierung. Voraussetzung für ihre Durchführung ist eine volle Harnblase, die durch Palpation und Perkussion begrenzt werden kann. Ist dies nicht der Fall, wird der Patient aufgefordert, noch ein oder zwei Glas Wasser zu trinken und man wartet, bis die Blase deutlich zu tasten ist. Dadurch wird eine versehentliche Punktion der Bauchhöhle vermieden (siehe Anatomie). Beim Erwachsenen liegt die Punktionsstelle auf der gefäßfreien Linea alba, 4–5 cm oberhalb der Symphyse. Wenn man genau in der Mittellinie bleibt, vermeidet man ein Anstechen der Mm. pyramidales und der Mm. recti abdominis. Die Kanüle wird an der Punktionsstelle sanft dorsocaudalwärts eingestochen. Das Eindringen der Kanüle in die Harnblase kann man an einem gewissen »Nachgeben der Nadel« spüren. Nun kann die Urinprobe entnommen oder ein steriler Katheter eingelegt werden.

Wichtig

1. Nach der transurethralen Katheterisierung nicht vergessen, die Vorhaut wieder zurückzustreifen, da sonst eine Paraphimose auftreten könnte.
2. Nicht mit Gewalt versuchen, den Katheter oder das Cystoskop an einem Hindernis vorbei zu schieben. Eine Via falsa könnte sonst gebohrt werden.
3. In den letzten Monaten der Schwangerschaft wird die Harnblase vom graviden Uterus komprimiert. Eine suprapubische Harnblasenpunktion wird dadurch zusätzlich erschwert.

Vaginale Untersuchungen
Untersuchung mit dem Spekulum

Anatomie

Die Vagina beginnt zwischen den Labia minora am Vestibulum vaginae und reicht nach oben bis zur Cervix uteri, die von ihr umgeben wird. Der Hymen, ein dünnes Häutchen, verschließt den Scheideneingang. Er variiert in Form, Größe und Festigkeit und hat eine Öffnung, die für eine normale Menstruationsblutung notwenig ist. Beim ersten Koitus wird er eingerissen und nach der ersten Geburt verbleiben nur mehr kleine, warzenförmige Reste, die Carunculae hymenales. Die Portio uteri hängt von vorn in die Scheidenkuppel hinein. Dadurch entsteht um die Portio herum ein Recessus, der ziemlich willkürlich in ein vorderes und hinteres und zwei seitliche Scheidengewölbe unterteilt wird.

Die Cervix uteri ist der untere, 2–3 cm lange, enge und mehr zylindrische Abschnitt des Uterus. Ihre äußere Öffnung mündet in die Vagina. Bei einer Nullipara ist diese Öffnung rund, bei einer Frau, die schon mehrfach geboren hat, erscheint sie als querer Schlitz. Die innere Öffnung kommuniziert nach oben zu mit dem Hohlraum des Corpus uteri.

Der Uterus ist ein dickwandiges, muskulöses Hohlorgan, von etwa 7 cm Länge, das in Fundus, Corpus, Isthmus und Cervix unterteilt wird. In Höhe des Ostium uteri internum gliedert sich der Uterus in das darüber befindliche Corpus und den darunter befindlichen Isthmus mit der folgenden Cervix uteri. Der Uterus ist normalerweise in einer Anteflexio und Anteversio ausgerichtet. Das Cavum uteri steht nach oben zu mit den beiden Tubae uterinae (Tubae FALOPPI) in Verbindung. Diese öffnen sich nach dorsolateral in die Bauchhöhle und legen sich mit ihren Fimbrien den Ovarien an. Die Ovarien sind normalerweise seitlich hinter dem Uterus zu finden.

Das Peritoneum des Beckenraumes wendet sich von der Vorderseite des Rektums ab, verläuft caudalwärts und legt sich dann der Dorsalwand des hinteren Scheidengewölbes an. Es überzieht dann im weiteren Verlauf nach ventral Corpus und Fundus uteri. Die tiefe Ausbuchtung der Peritonealhöhle zwischen Rektum und Uterus wird DOUGLAS'scher Raum genannt. Eine ähnliche, aber schmalere und auch klinisch wenig bedeutsame Peritonealbucht findet sich zwischen Uterus und Harnblase, die Excavatio vesico-uterina. Caudal hiervon grenzt die Vorderwand des Uterus an die Harnblase. Die Peritonealfalten, die über die Tubae uterinae her-

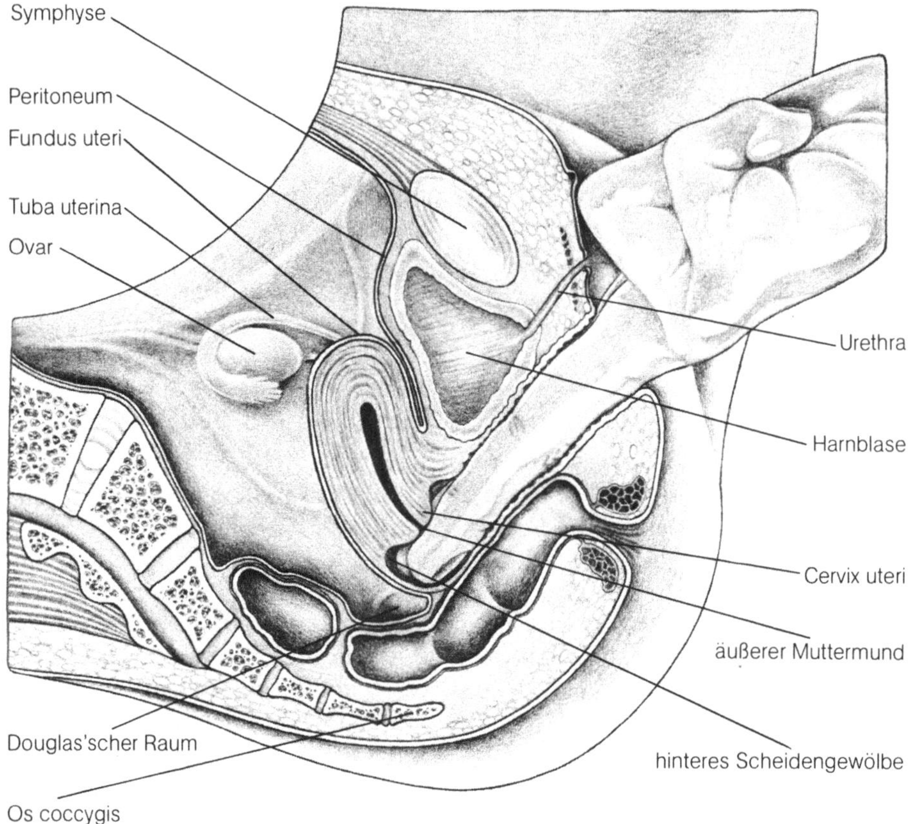

Abb. 89. Vaginale Untersuchung

unterhängen, begrenzen das Ligamentum latum. Die Ovarien werden am Uterus über das Ligamentum ovarii proprium fixiert, über das Mesovar stehen sie mit dem Lig. latum in Verbindung und mit der lateralen Beckenwand über das Lig. suspensorium ovarii, über das es auch seine Hauptgefäßversorgung erhält.

Technik

Normalerweise sollte eine Spekulumuntersuchung jeder digitalen Untersuchung vorausgehen, sodaß die Vaginalwand noch betrachtet werden kann, bevor sie durch die digitale Untersuchung verändert worden ist.

Die Patientin kann in Lithotomie-Stellung oder in lateraler Seitenlage gelagert werden. Zunächst werden Vulva, Labia und Damm inspiziert. Darauf wird ein mit einem Gleitmittel versehenes zweiblattiges Spekulum eingesetzt. Die Labia minora werden mit den Fingern der linken Hand gespreizt, während das Spekulum in den Vaginaleingang eingesetzt wird. Dann kann es mit seiner vollen Länge eingeführt werden. Spreizt man nun das Gerät, so werden Vorder- und Hinterwand

130

der Vagina voneinandergedrängt, die Portio wird sichtbar. Durch sanftes Drehen des Spekulums kann man die gesamte Vaginalwand und die Scheidengewölbe einsehen.

Nach Entfernen des Spekulums schließt sich die digitale Untersuchung an. In der Praxis wird eine bimanuelle Untersuchung durchgeführt. Die Labia minora werden mit dem linken Daumen und Mittelfinger gespreizt, während der Zeigefinger der rechten Hand schonsam in die Vagina eingeführt wird. Gelingt dies leicht, kann der Mittelfinger noch zusätzlich eingeführt werden. Die Vaginalwand wird abgetastet und die Portio vaginalis und das Ostium uteri besonders genau abgefühlt. Durch Druck mit der linken Hand auf das untere Abdomen der Patientin kann der Uterus dem im vorderen Scheidengewölbe tastenden rechten Zeigefinger genähert werden. Auf diese Weise läßt sich der Uterus zwischen rechter und linker Hand abtasten. Anschließend werden die seitlichen Scheidengewölbe untersucht. Ein gesundes Ovar läßt sich oft tasten. Die Tuben jedoch lassen sich nur bei krankhafter Vergrößerung palpieren. Schließlich wird das hintere Vaginalgewölbe auf Veränderungen im DOUGLAS'schen Raum hin untersucht. Eine gleichzeitige rektale Untersuchung kann zusätzliche diagnostische Erkenntnisse bringen.

Wichtig

1. Das hintere Scheidengewölbe stößt unmittelbar an den DOUGLAS'schen Raum. Unvorsichtiges Instrumentieren kann deshalb leicht zu Perforationen führen.
2. Die Ureteren liegen den lateralen Scheidengewölben an. Theoretisch ist es denkbar, hier liegende Uretersteine zu tasten.
3. Die Vagina verläuft schräg dorsokranialwärts.
4. Beim Kind oder bei der Jungfrau wird eine rektale Untersuchung anstelle der üblichen vaginalen Untersuchung durchgeführt.
5. Das Spekulum soll beim Einführen entlang der hinteren Vaginalwand gleiten. Eine mögliche Verletzung der Urethramündung kann so vermieden werden; zudem ist die Harnröhre unter der ventralen Vaginalwand schmerzempfindlich.

Punktion einer Hydrocele

Anatomie

Der Hoden entwickelt sich an der dorsalen Bauchwand, hinter dem parietalen Peritoneum. Über die Mechanik des Hodendeszensus gibt es viele Theorien. Im 7. Embryonalmonat ist der Hoden am Anulus inguinalis profundus angelangt. Bei der Geburt ist er, als eines der Reifezeichen des Neugeborenen, im Skrotum angelangt. Während der Hoden durch den Leistenkanal wandert, nimmt er nacheinander die Schichten der ventralen Bauchwand mit, die ihn dann umhüllen. So entspricht die Tunica dartos des Skrotum der Fascia superficialis der Leistengegend, die Fascia spermatica externa stammt von der Aponeurose des M. obliquus abdominis externus, der M. cremaster ist eine Abzweigung des M. obliquus abdominis internus. Schließlich folgt die Fascia spermatica interna, die der Fascia transversalis der Bauchwand entspricht.

Unter der Fascia spermatica interna folgt eine doppelte Peritonealhülle, die Tunica vaginalis testis, die den Hoden mit Ausnahme seiner Rückseite umgibt. Der Hoden schiebt bei seinem Deszensus eine einem Fingerling ähnliche Peritonealaussackung vor sich her, den Processus vaginalis testis. Ist das Skrotum erreicht, hüllt sich der Hoden in die doppelte Peritonealtasche ein. Er wird nun von einer inneren visceralen Peritonealschicht umhüllt, das äußere, parietale Peritonealblatt schmiegt sich an die Fascia spermatica interna an. Der Processus vaginalis testis obliteriert langsam zwischen dem Anulus inguinalis profundus und dem oberen Hodenpol. Es bleibt von ihm nur die Tunica vaginalis testis übrig. Im Verlauf des Obliterationsvorganges kommen jedoch pathologische Fälle vor, bei denen der Processus vaginalis teilweise oder vollständig offen bleibt. Der beim Gesunden kapilläre Spaltraum zwischen visceralem und parietalem Blatt der Tunica vaginalis testis kann sich unter vermehrter Flüssigkeitseinlagerung vergrößern und eine Hydrocele bilden. Wenn der Processus vaginalis testis in seiner ganzen Länge offen bleibt, führt dies zwangsläufig zur Ausbildung einer angeborenen indirekten Leistenhernie oder zu einer congenitalen Hydrocele, da Bauchhöhle und Skrotum ja, wie ursprünglich, direkt miteinander in Verbindung stehen.

Technik

Flüssigkeitsansammlungen zwischen den Blättern der Tunica vaginalis testis können ein primäres Erscheinungsbild sein oder sekundär auf Grund von Hoden- oder

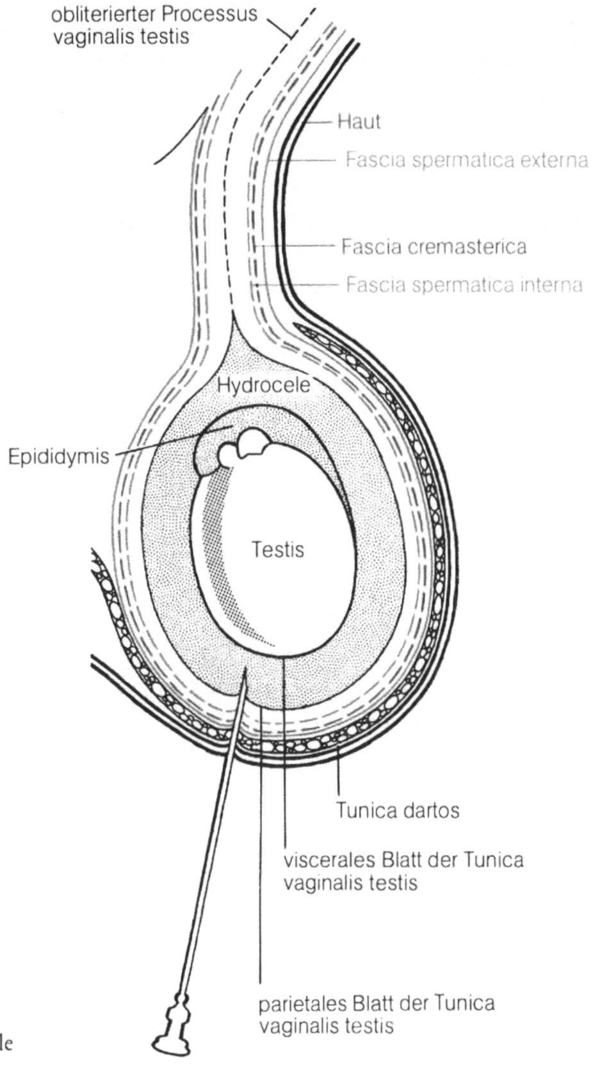

Abb. 90. Punktion einer Hydrocele

Nebenhodenerkrankungen auftreten. Eine Hydrocele kann so groß werden, daß es für das Wohlbefinden des Patienten oder zur diagnostischen Absicherung ihres Inhaltes notwendig wird, die Hydrocele zu punktieren.

Der Patient liegt auf dem Rücken, die Ausdehnung der Hydrocele wird bestimmt. Die Lage des Hodens zur Hydrocele wird durch Palpation oder mit Hilfe der Diaphanie (Durchleuchten der Hydrocele mit einer Lichtquelle) erkannt. Mit dieser Methode werden auch größere Skrotalhautgefäße sichtbar, denen man mit dem Trokar und der Kanüle ausweichen kann. Normalerweise findet sich die

Hydrocele ventrolateral des Hodens. Das Skrotum wird mit der linken Hand gehalten. Ist die Hydrocele nicht prall – meist ist sie prall gefüllt – kann man sie sanft etwas spannen. Ein feiner Trokar mit Kanüle wird dann durch die Hodenhüllen in die Hydrocele eingestochen.

Wichtig

1. Vor der Hydrocelenpunktion die Lage des Hodens abklären. Nur so kann man eine mögliche Hoden- oder Nebenhodenverletzung vermeiden.
2. Nach der Punktion muß man sich über den Zustand des Hodens nochmals überzeugen, erst dann ist der Eingriff beendet.

Muskel-Skelet-System

Knochenmarkbiopsie

Anatomie

Das rote Knochenmark enthält myeloides Bindegewebe. Gelbes Knochenmark besteht hauptsächlich aus Fett und wenigen Gefäßen und ist für diagnostische Zwecke in der Hämatologie wenig brauchbar. Gelbes Knochenmark hat selbst keine blutbildende Fähigkeit mehr, bei bestimmten Anaemieformen kann es aber wieder durch rotes Knochenmark ersetzt werden. In den ersten vier Lebensjahren enthalten alle Knochen rotes Knochenmark. Zwischen dem 7. und 20. Lebensjahr weicht das rote Knochenmark zunehmend epiphysenwärts zurück und wird dabei durch Fettmark ersetzt. Beim Erwachsenen findet sich rotes Knochenmark hauptsächlich noch in den Rippen, Scapulae, Sternum, Wirbeln, in den Schädel- und Beckenknochen und in den Epiphysenbereichen von Femur und Humerus.

Sternalpunktion

Typische Punktionsstellen sind entweder das Manubrium sterni oder der obere Bereich des Corpus sterni in Höhe des zweiten Intercostalraumes. Das untere Drittel des Corpus sterni ist für Knochenmarkpunktionen ungeeignet, da häufig Verknöcherungsanomalien vorkommen. Das Manubrium sterni ist für eine Punktion jedoch besonders geeignet, da es eine stabile Knochenplatte ist, die mit den beiden kurzen und kräftigen ersten Rippenpaaren und den beiden Schlüsselbeinen fest verankert ist und nicht nachgibt. Bei älteren Menschen ist es jedoch häufig mit gelbem Knochenmark ausgefüllt. Auf Grund seiner relativ dicken Corticalis ist es auch manchmal schwierig, zur Knochenspongiosa vorzudringen. Deshalb werden Sternalpunktate in erster Linie aus dem oberen Corpusbereich gewonnen, seltener aus dem Manubrium sterni. Beiden Punktionsstellen sind auf der Dorsalseite des Sternum wichtige Organe des Mediastinum benachbart. Hinter dem Corpus sterni befinden sich das Herz und die Pleura, dorsal des Manubrium sterni die oberen Abschnitte der Recessus costomediastinales und die V. brachiocephalica sin..
Der Patient liegt auf dem Rücken oder wird im Bett aufgesetzt und mit Kissen abgestützt. Nach Desinfektion der oberen Sternalgegend wird die vorgesehene Punktionsstelle bis aufs Periost lokal anaesthesiert. Die günstigste Punktionsstelle wird am leichtesten gefunden, wenn man den Angulus sterni tastet. An ihm stehen das knorpelige Ende der zweiten Rippe und das Sternum in gelenkiger Verbindung.

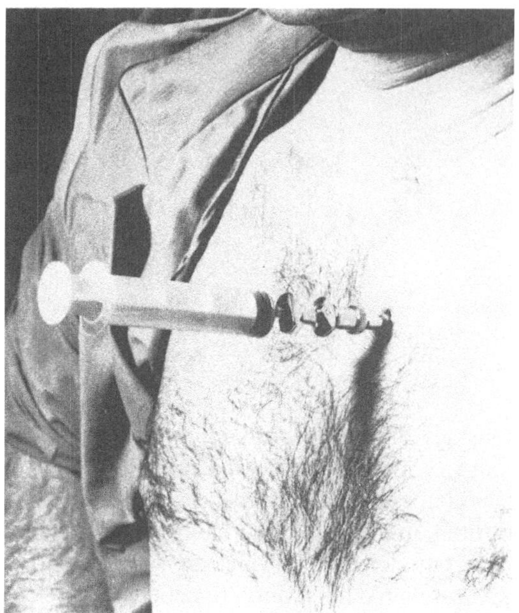

Abb. 91. Knochenmarkpunktion aus
dem Manubrium sterni

Dann wird der zweite Intercostalraum palpiert und in seiner Höhe das Corpus sterni
unmittelbar neben der Mittellinie punktiert. Dazu wird die Sternalpunktionskanüle
senkrecht zum Sternum durch die Haut eingestochen und unmittelbar paramedian
durch die Fascia pectoralis superficialis, das Periost und die Corticalis in das Sternal-
mark eingeführt. Bevor man mit der Punktionskanüle durch das Periost geht, wird
die Schutzarretierung an der Kanüle so eingestellt, daß die Punktionskanüle maximal 5 mm ins Sternum eindringen kann. Notfalls muß man das Instrument etwas
bohrend drehen, bis man durch die harte Corticalis hindurchgekommen ist. Nach
Entfernung des Mandrins wird eine Spritze auf die Kanüle gesetzt und Knochenmark angesaugt.

Knochenmarkbiopsie aus dem Darmbeinkamm

Punktionen in der Iliacalgegend haben den Vorteil, daß der Patient bei dem Eingriff nicht zusehen kann, da er auf dem Bauch oder in Seitenlage liegt. Punktiert
wird entweder an einer Stelle, die sich 2 cm dorsal und 2 cm caudal der Spina iliaca anterior superior befindet oder es wird die Crista iliaca direkt punktiert. In letz-
ter Zeit wird auch bevorzugt die Spina iliaca posterior superior angegangen, da aus
ihr mehr rotes Knochenmark gewonnen werden kann. Der Patient liegt dabei in
Bauchlage oder in der typischen Seitenlage, wie bei der Lumbalpunktion (siehe
bei Lumbalpunktion). Ein Hautgrübchen kann manchmal die Punktionsstelle über
der Spina iliaca posterior superior besonders deutlich machen. Falls dieser Hinweis fehlt, läßt sich die Spina aber leicht palpieren. Die Kanüle wird 1 cm unterhalb

138

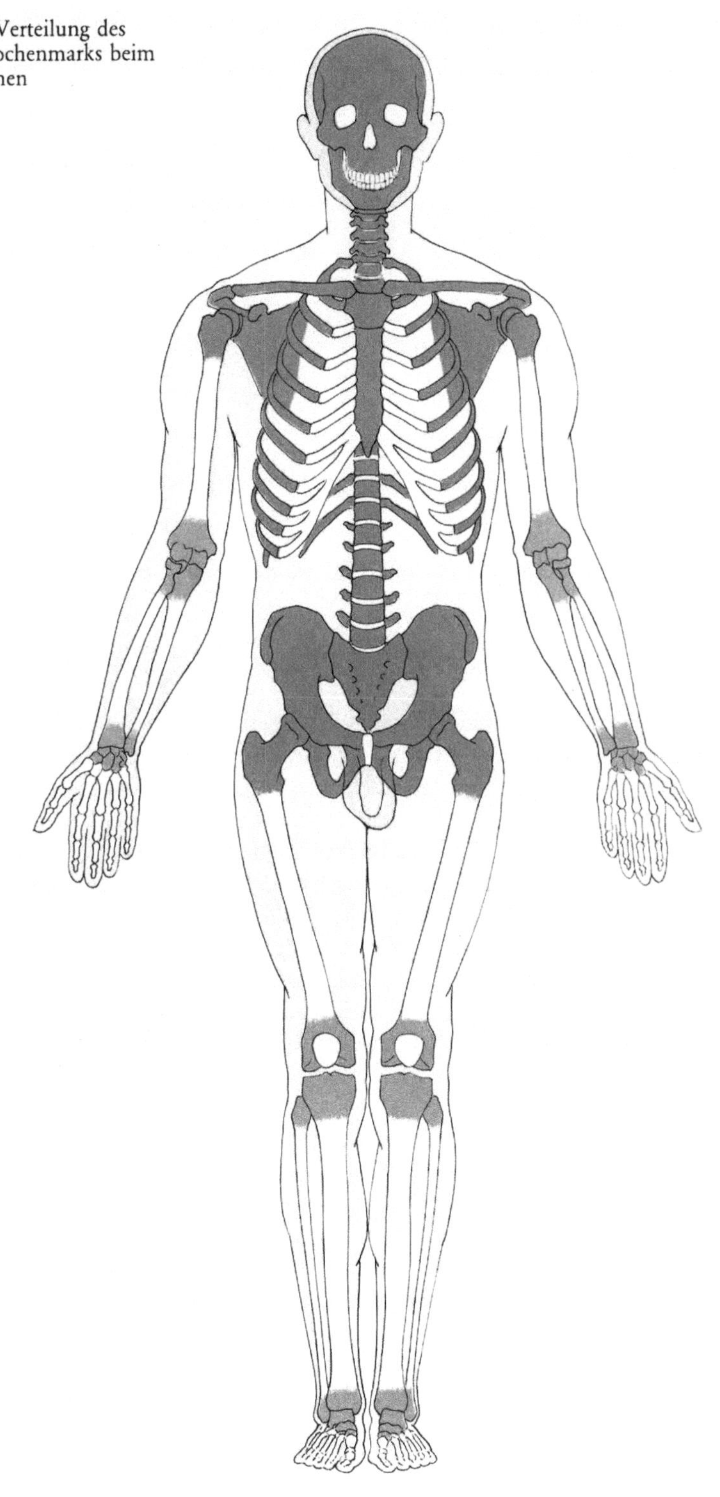

Abb. 92. Verteilung des
roten Knochenmarks beim
Erwachsenen

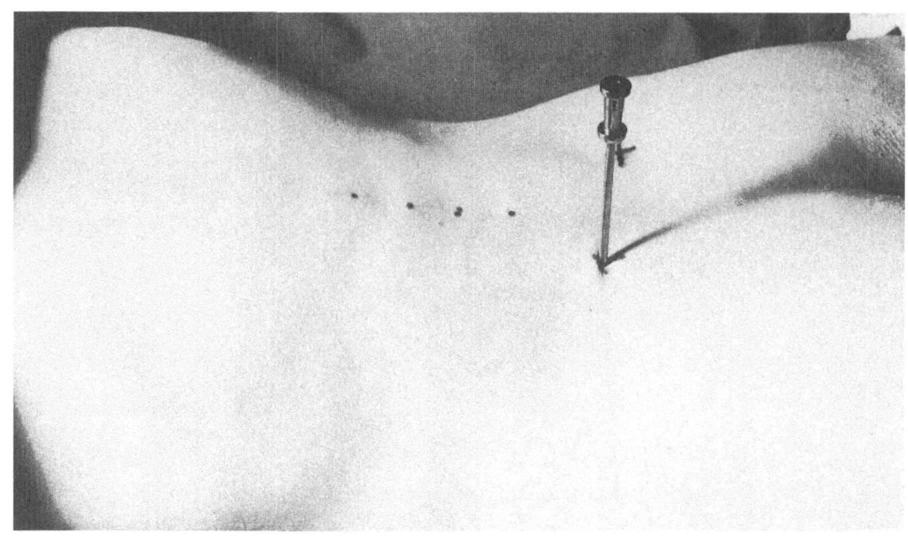

Abb. 93. Hohlnadel zur Gewinnung von Knochenmark in die Spina iliaca posterior superior eingeschlagen. (Die Punkte markieren die Lage der lumbalen Dornfortsätze)

der Spina eingestochen und leicht lateralwärts gerichtet, sodaß sie in der gleichen Ebene wie der darunter befindliche Teil des Os ilium ausgerichtet ist. Dadurch vermeidet man ein versehentliches Anstechen des Ligamentum sacro-iliacum dorsale oder ein Eindringen in eines der Foramina sacralia dorsalia und damit eine Gefährdung der Cauda equina oder des Duralsackes. Falls man hier kein Knochenmark gewinnt, kann es notwendig werden, eine Hohlnadel in den Darmbeinkamm einzuschlagen und so eine Knochenmarkbiopsie durchzuführen. Für diesen Eingriff bieten sich die Spina iliaca posterior superior oder der dorsale Abschnitt der Crista iliaca an. Eine moderne, den Zusammenhang zwischen Spongiosaarchitektur und Knochenmark erhaltende Biopsiemethode ist die Myelotomie. Bei ihr wird mittels eines Hohlbohrers Knochenmark und zugehörige Spongiosae gewonnen.

Knochenmarkbiopsie aus den Processus spinosi der unteren Lumbalwirbel

Die Processus spinosi der Lumbalwirbel können meist leicht getastet werden und sind einfache Markierungspunkte. Für Knochenmarkpunktionen werden meist der Dornfortsatz des 3. oder 4. Lendenwirbels genommen. Der Patient kann für den Eingriff sitzen oder in der typischen Lumbalpunktionshaltung gelagert werden. Nach Desinfektion und lokaler Anaesthesie wird die Punktionskanüle unmittelbar lateral des Processus spinosus in die Haut eingestochen und medialwärts auf den Dornfortsatz zu vorgeschoben. Die Kanüle soll unmittelbar ventral der Spitze des Processus spinosus in den Knochen eindringen, da hier die Corticalis relativ dünn ist.

140

Knochenmarkbiopsie bei Kindern

Bei Kindern bis zum zweiten Lebensjahr wird für Knochenmarkbiopsien bevorzugt die mediale Seite des proximalen Tibiaendes genommen, genau unterhalb des Condylus medialis tibiae und medial der Tuberositas tibiae. Wenn die Punktionskanüle exakt nach vorne zu eingestochen wird, vermeidet man mit Sicherheit eine Verletzung des Ligamentum collaterale tibiale. Bei älteren Kindern wird man die typischen Punktionsstellen am Darmbeinkamm bevorzugen, da die Corticalis am Schienbeinkopf schon zu dick geworden ist und das Sternum noch zu dünn ist.

Wichtig

1. Die Schutzarretierung der Sternalpunktionskanüle muß absolut sicher funktionieren, damit eine Knochenperforation und Punktion von dahinter gelegenen lebenswichtigen Organen nicht vorkommen kann.
2. Bei zu festem Druck auf das Sternum kann eine Sternalfraktur auftreten.

Intramuskuläre Injektionen

Anatomie

Intramuskuläre Injektionen werden gewöhnlich in den Oberarm, das Gesäß oder in die laterale Oberschenkelseite gegeben.

Eine bequem zugängliche Injektionsstelle am Oberarm ist der Bereich des M. deltoideus. Der Muskel entspringt von der Vorderseite des lateralen Drittels der Clavicula, vom Acromion und der Spina scapulae. Der kräftige Muskel, der für die sanft gewölbte Schulterkontur verantwortlich ist, setzt mit einer kurzen dicken Sehne an der Tuberositas deltoidea an, einer Rauhigkeit auf der lateralen Seite des Humerusschaftes.

Der N. axillaris stammt aus dem Fasciculus posterior des Plexus brachialis und teilt sich am Unterrand des M. teres minor in einen Ramus anterior und Ramus posterior auf. Der vordere Nervenzweig wird von der A. und V. circumflexa humeri posterior begleitet und windet sich hinter dem Collum chirurgicum um den Humerus herum. Er verläuft damit unmittelbar caudal der Kapsel des Schultergelenkes und versorgt aus der Tiefe her den größten Teil des M. deltoideus. Die Innervationsstelle liegt etwa 6–8 cm caudal der tastbaren Schulterhöhe, des Acromions.

Die tastbaren Knochenpunkte in der Gesäßgegend sind: nach oben zu die Crista iliaca, nach kranio-medial zu die Spina iliaca posterior superior, nach medio-caudal das Tuber ischiadicum und lateral der Trochanter maior am Femur. Die Lage der Spina iliaca posterior superior wird manchmal durch ein darüber liegendes sanftes Hautgrübchen angezeigt. Die rundliche Gesäßform wird durch die Mm. glutei maximus, medius und minimus bewirkt, die vom Os ilium entspringen und am Femur ansetzen. Sie werden von der Fascia glutea superficialis umhüllt und sind durch ein reichliches Fettpolster geschützt. Die oberflächliche Fascie endet nach caudal zu in Höhe der Gesäßfurche und wird von der Gesäßbacke der Gegenseite durch die Gesäßspalte getrennt.

Der N. ischiadicus ist der größte Nerv des Menschen. Er führt den Hauptbestandteil der Nervenfasern des Plexus lumbosacralis. Die Eintrittstelle des N. ischiadicus in die Regio glutea entspricht dem medialen Drittelpunkt einer Linie zwischen Spina iliaca posterior superior und Tuber ossis ischii. Der Nerv biegt zunächst nach lateral, dann nach caudal und verläuft unter dem Mittelpunkt einer Verbindungslinie zwischen Trochanter maior und Tuber ossis ischii vorbei. Auf der Rückseite des Oberschenkels verläuft der N. ischiadicus zwischen M. semitendinosus und M. biceps femoris caudalwärts.

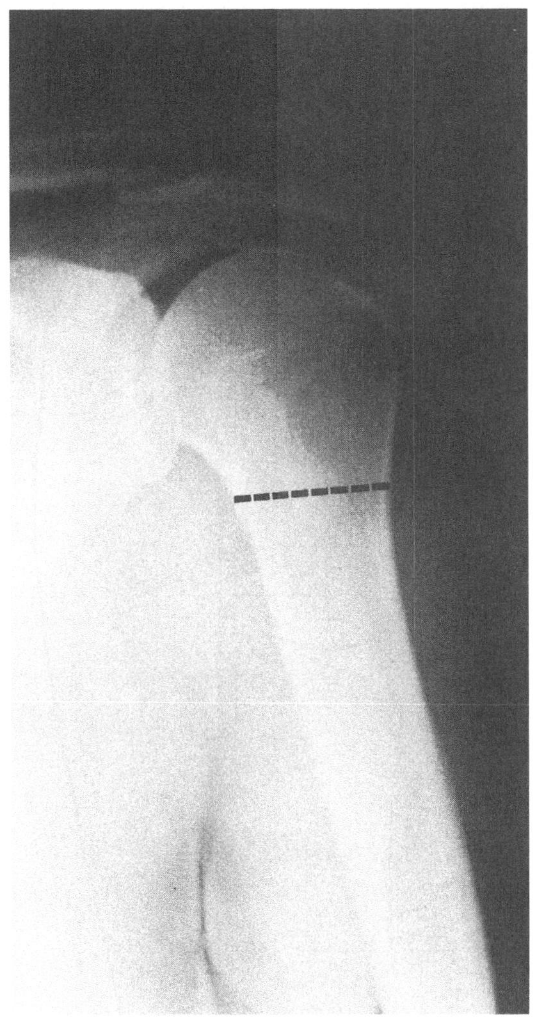

Die Muskeln an der lateralen und anterolateralen Seite des Oberschenkels werden ebenfalls für i.m. Injektionen benutzt. Der M. tensor fasciae latae entspringt von dem vorderen äußeren Rand der Crista iliaca und von der Gegend der Spina iliaca anterior superior und verläuft senkrecht an der lateralen Oberschenkelseite abwärts. Nach kurzem Verlauf strahlt er in den Tractus iliotibialis der Fascia lata ein. Die Länge des Muskels variiert stark. Im Regelfall bedeckt der Muskel nur das obere Viertel der lateralen Oberschenkelseite. Der M. quadriceps femoris ist der Hauptstrecker im Kniegelenk. Der Muskel wird in vier Köpfe unterteilt: M. rectus femoris, M. vastus medialis, M. vastus intermedius und M. vastus lateralis. Intramuskuläre Injektionen können in den Vastus lateralis und und in den Rektus femoris gegeben werden. M. rectus femoris und M. vastus lateralis formen die Ober-

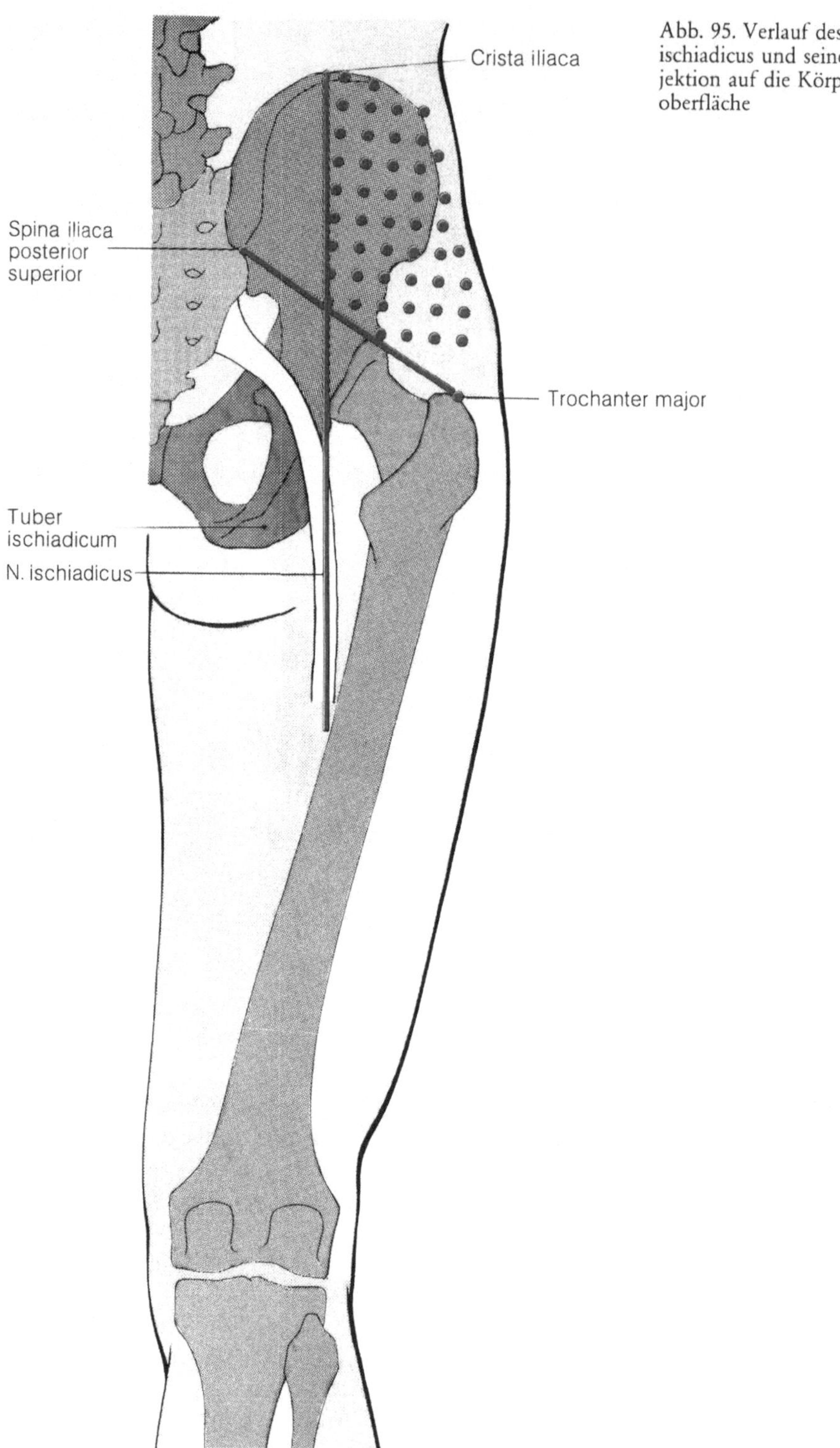

Abb. 95. Verlauf des N. ischiadicus und seine Projektion auf die Körperoberfläche

schenkelkontur an der Vorder- und Lateralseite. Die großen Beingefäße verlaufen unmittelbar medial des M. rectus femoris und im Adduktorenkanal. Sie werden großenteils vom M. sartorius überlagert.

Intramuskuläre Injektionen in den Oberarm

Der Patient sitzt gewöhnlich und soll seinen Arm locker seitlich hängen lassen. Bei dieser Haltung ist der M. deltoideus erschlafft. Die genaue Injektionsstelle befindet sich mitten im Muskel, etwa 4 cm unterhalb des Acromions an der lateralen Seite der Schulter. Injektionen unterhalb oder dorsal dieser Stelle gefährden den N. axillaris.

Intragluteale Injektion

Der Patient liegt auf dem Bauch oder in Seitlage. Die Gesäßmuskulatur soll entspannt sein. Die sichere Injektionsstelle ohne Gefährdung des N. ischiadicus liegt im oberen äußeren Quadranten der Regio glutea. Man kann dieses Areal zunächst durch eine vertikale Linie abgrenzen, die auf halbem Weg zwischen den Dornfortsätzen und der lateralen Grenze des Gesäßes zu ziehen wäre. Eine zweite Linie müßte zwischen dem Trochanter maior und dem Hautgrübchen über der Spina iliaca posterior superior gedacht werden. Der obere, laterale »Quadrant«, der von den beiden Linien begrenzt wird, entspricht dem sicheren Injektionsbereich. Die Kanüle wird durch die angespannte und desinfizierte Haut, die oberflächliche Körperfascie und die Fascia glutea in die Glutealmuskulatur eingestochen. Die kräftige Kanüle soll im 90° Winkel zur Haut und mit einem Ruck injiziert werden. Ein millimeterweises Vordringen durch die Haut ist für den Patienten sehr schmerzhaft.

Intramuskuläre Injektionen in den Oberschenkel

Intramuskuläre Injektionen können in den M. tensor fasciae latae oder in den M. vastus lateralis tief unter den Tractus iliotibialis eingegeben werden. Lehrschwestern empfehlen ihren Schülerinnen oft, wegen der Gefahr der Ischiasläsion in der Glutealgegend, nur in diesem Bereich intramuskuläre Spritzen zu verabreichen. Das gilt besonders für den unruhigen und unwilligen Patienten. Legt man den Zeigefinger der linken Hand so auf die Crista iliaca der rechten Seite des Patienten, daß die Zeigefingerspitze auf die Spina iliaca anterior superior zu liegen kommt, so befindet sich der Muskelbauch des M. tensor fasciae latae im Winkel zwischen Zeigefinger und abgespreiztem Daumen. Als Alternative kann man die intramuskuläre Injektion handbreit unter dem Trochanter maior in die laterale Oberschenkelseite geben, durch den tractus iliotibialis hindurch in den M. vastus lateralis. Etwas weiter ventral der eben angegebenen Injektionsstelle können auch Spritzen in den M. rectus femoris gegeben werden. Man muß dabei aber aufpassen, nicht zu weit nach medial zu kommen, da sonst die A. und V. femoralis, die Innervation des M. vastus medialis und der N. saphenus gefährdet werden.

Wichtig

1. Bei der Einteilung der Gesäßgegend in »Quadranten« daran denken, daß die Regio glutea mehr umfaßt als nur die Gesäßbacke.
2. Es ist empfehlenswert, die Haut über der vorgesehenen Injektionsstelle zunächst etwas zu drücken, um die Dicke des subkutanen Fettpolsters abschätzen zu können. Dadurch kann eine irrtümliche subkutane Injektion vermieden werden.
3. Weit genug vom N. ischiadicus und N. axillaris entfernt bleiben! Sonst könnten eine Muskellähmung für den Patienten und für den Akteur eine Schadenersatzklage die Folgen sein.
4. Vor jeder intramuskulären Applikation eines Medikamentes die Spritze kurz aspirieren, um sicher zu gehen, daß die Injektion nicht intravenös gegeben wird. Gerade zwischen den Glutealmuskeln gibt es viele große Venen.

Literatur

Anatomie

An Atlas of Anatomy, 6th ed. Baltimore: Williams & Wilkins 1972
Cunningham's Textbook of Anatomy, 10 th ed. London: Oxford University Press 1964
Gray's Anatomy, 35 th ed. Edinburgh: Longman 1973

Klinische Technik

Klinische Indikationen und Kontraindikationen sind bei der Konzeption des Buches bewußt nicht berücksichtigt worden. Die folgenden Literaturangaben sind zur Vertiefung der klinischen Kenntnisse angeführt.

Nervensystem und Sinnesorgane

Bannister, R.: Brain's Clinical Neurology, 4th ed. London: Oxford University Press 1973
Duke-Elder, Sir S.: System of Ophthalmology. London: Henry Kimpton 1969
Miles-Foxen, E. H.: Lecture Notes on Diseases of the Ear, Nose and Throat, 2nd ed. Oxford: Blackwell Scientific Publications 1970
Nelson, W. E., Vaughan, V. C., McKay, R. J.: Textbook of Pediatrics, 9 th ed. London: W. B. Saunders 1969

Herz- und Kreislauforgane

Belcher, J. R., Sturridge, M. F.: Thoracic Surgical Management, 4th ed. London: Baillière Tindall 1972
Birnstingl, M.: Peripheral Vascular Surgery. London: Heinemann 1973
Gross, R.: The Surgery of Infancy and Childhood. Philadelphia: W. B. Saunders 1953
Kyle, J.: Pye's Surgical Handicraft, 19th ed. Bristol: John Wright 1969
Milstein, B.: Cardiac Arrest and Resuscitation. London: Lloyd-Luke 1963
Rains, A. J. H., Capper, W. M.: Bailey and Love's Short Practice of Surgery, 15th ed. London: H. K. Lewis 1971
Russell, W.: Central Venous Pressure. London: Butterworth 1974
Smith, C.: Blood Diseases of Infancy and Childhood, 2nd ed. Saint Louis: C. V. Mosby 1966

Respirationssystem

Ballantyne, J., Groves, J.: Scott-Brown's Diseases of Ear, Nose and Throat, 3rd ed., Vols. 1–4, London: Butterworth 1972
Belcher, J. R., Sturridge, M. F.: Thoracic Surgical Management, 4th ed. London: Baillière Tindall 1972
Gillespie, M.: Endotracheal Anaesthesia, 3 rd. ed. Wisconsin: University of Wisconsin Press 1963
Thacker, W.: Postural Drainage and Respiratory Control, 2nd ed. London: Lloyd-Luke 1965

Verdauungssystem

Avery Jones, F., Gummer, J. W. P., Lennard-Jones, J. E.: Clinical Gastroenterology, 2nd ed. Oxford: Blackwell Scientific Publications 1968
Goligher, J. C.: Surgery of the Anus, Rectum and Colon, 2nd ed. London: Baillière Tindall 1972
Sherlock, S.: Diseases of the Liver and Biliary System, 4th ed. Oxford: Blackwell Scientific Publications 1968
Truelove, S. C., Reynell, P. C.: Diseases of the Digestive System, 2nd ed. Oxford: Blackwell Scientific Publications 1972

Urogenitalsystem

Black, D.: Renal Disease, 2nd ed. Oxford: Blackwell Scientific Publications 1967
Jeffcoate, T. N. A.: Principles of Gynaecology, 3 rd ed. London: Butterworth 1967
Llewellyn-Jones, D.: Fundamentals of Obstetrics and Gynaecology, Vol. II. London: Faber & Faber 1970
Winsbury-White, H. P.,Fergusson, J. D.: Textbook of Genito-Urinary Surgery, 2nd ed. Edinburgh: Livingstone 1961

Muskel-Skelet-System

de Gruchy, G. C.: Clinical Haematology in Medical Practice, 3rd ed. Oxford: Blackwell Scientific Publications 1970
Hector, W.: Modern Nursing-Theory and Practice, 5th ed. London: Heinemann 1970
Roper, N.: Principles of Nursing, 2nd ed. Edinburgh: Livingstone 1973
Wintrobe, M.: Clinical Hematology, 6th ed. Philadelphia: Lea & Febiger 1969

Literatur, die bei der deutschen Übersetzung zusätzlich verwandt wurde

Adachi, B.: Das Arteriensystem der Japaner, Bd. II. Kyoto 1928
Adachi, B.: Das Venensystem der Japaner, 2. Lieferung. Kyoto 1940
Benninghoff, A., Goerttler, K.: Lehrbuch der Anatomie des Menschen, 10. Aufl. bearb. von H. Ferner, Bd. II. München: Urban und Schwarzenberg 1975
Corning, H. K.: Lehrbuch der topographischen Anatomie, 11. Aufl. München: J. Bergmann 1920
Hafferl, A.: Lehrbuch der topographischen Anatomie, 3. Aufl. bearb. von W. Thiel. Berlin, Heidelberg, New York: Springer 1969
von Lanz, T., Wachsmuth, W.: Praktische Anatomie, Bd. I/4: Bein. Berlin: Springer 1938
von Lanz, T., Wachsmuth, W.: Praktische Anatomie, Bd. II/1: Hals. Berlin, Göttingen, Heidelberg: Springer 1955
von Lanz, T., Wachsmuth, W.: Praktische Anatomie, Bd. I/3: Arm. Berlin, Göttingen, Heidelberg: Springer 1959
Lehr, P. A.: Laparoskopie und Leberblindpunktion, 3. Aufl. Karlsruhe: C. F. Müller 1970
Sigg, K.: Varizen, Ulcus cruris and Thrombose, 4. Aufl. Berlin, Heidelberg, New York: Springer 1976
Testut, L., Latarjet, A.: Traité d'Anatomie Humaine, 9 ed., Tome II. Paris: Doin 1948
Zenker, R., Berchtold, R., Hamelmann, H.: Die Eingriffe in der Bauchhöhle, Bd. VII/1 der allgemeinen und spez. Operationslehre. Berlin, Heidelberg, New York: Springer 1975

Springer Lehrbücher

Medizin

Eine Auswahl

Für die ärztliche Vorprüfung

Bachmann: **Biologie für Mediziner.**
1976. DM 38,–

v. Ferber: **Soziologie für Mediziner.**
1975. DM 38,–

Forssmann/Heym: **Grundriß der
Neuroanatomie.** 2. Auflage. 1975.
(HT 139). DM 18,80. Basistext

Ganong: **Lehrbuch der Medizinischen Physiologie.** 3. Auflage.
1974. DM 48,–

Grundriß der Neurophysiologie.
Hrsg. Schmidt. 4. Auflage. 1977.
(HT 96). DM 24,80. Basistext

Grundriß der Sinnesphysiologie.
Hrsg. Schmidt. 3. Auflage. 1977.
(HT 136). DM 24,80. Basistext

Harten: **Physik für Mediziner.**
3. Auflage. 1977. DM 42,–

Latscha/Klein: **Chemie für
Mediziner.** 4. Auflage. 1977.
(HT 171*). DM 18,80. Basistext

**Lehrbuch der gesamten Anatomie
des Menschen.** Hrsg. Schiebler.
1977. DM 58,–

Medizinische Psychologie.
Hrsg. Kerekjarto. 2. Auflage. 1976.
(HT 149). DM 19,80. Basistext

Physiologie des Menschen.
Hrsg. Schmidt/Thews. 19. Auflage.
1977. Gebunden DM 78,–

Physiologische Chemie.
von Harper/Löffler/Petrides/Weiss.
1975. DM 88,–

Wolf: **Kompendium der
medizinischen Terminologie.**
1974. DM 19,80

Für den ersten Abschnitt der ärztlichen Prüfung

Ahnefeld: **Sekunden entscheiden –
Lebensrettende Sofortmaßnahmen.**
1967. (HT 32). DM 12,80

**Allgemeine klinische Unter-
suchungen.** Hrsg. Savić. 1978.
DM 48,–

Allgemeine Pathologie. Bleyl
u. Mitarb. 2. Auflage. 1976.
(HT 163*). DM 19,80. Basistext

Anschütz: **Die körperliche Untersuchung.** 3. Auflage. 1978. (HT 94).
DM 21,80

Biomathematik für Mediziner.
Hrsg. Kollegium Biomathematik.
2. Auflage. 1976. (HT 164*).
DM 16,80. Basistext

Bühlmann/Froesch: **Patho-
physiologie.** 3. Auflage. 1976.
(HT 101). DM 19,80. Basistext

Fischer/Homberger:
Geschichte der Medizin.
2. Auflage. 1977. (HT 165).
DM 19,80. Basistext

Fuhrmann/Vogel: **Genetische
Familienberatung.** 2. Auflage. 1975.
(HT 42). DM 19,80

Jawetz/Melnick/Adelberg:
Medizinische Mikrobiologie.
4. Auflage. 1977. DM 58,–

**Kursus: Radiologie und Strahlen-
schutz.** Red.: Becker/Kuhn/Wenz/
Willich. 2. Auflage. 1976. (HT 112).
DM 19,80. Basistext

**Lehrbuch der Allgemeinen
Pathologie und Pathologischen
Anatomie.** Hrsg. Eder/Gedigk.
30. Auflage. 1977. DM 96,–

**Medizinische Mikrobiologie.
I. Virologie.** Hrsg. Klein.
Bearb. Falke. 2. Auflage. 1977.
(HT 178). DM 16,80. Basistext

Meyers/Jawetz/Goldfien: **Lehrbuch
der Pharmakologie.**
1975. DM 68,–

Radiologie. Hrsg. Hundeshagen.
1977. DM 58,–

Rick: **Klinische Chemie und
Mikroskopie.** 5. Auflage. 1977.
DM 24,80

Wellhöner: **Allgemeine und
systematische Pharmakologie und
Toxikologie.** 2. Auflage. 1976.
(HT 169*). DM 24,80. Basistext

Zum Winkel: **Nuklearmedizin.**
1975. (HT 167). DM 24,80

Für den zweiten Abschnitt der ärztlichen Prüfung

Allgemeine und spezielle Chirurgie.
Hrsg. Allgöwer. 3. Auflage. 1976.
DM 48,–

Boenninghaus: **Hals-Nasen-
Ohrenheilkunde für Medizin-
studenten.** 4. Auflage. 1977. (HT 76).
DM 18,80. Basistext

Springer-Verlag
Berlin
Heidelberg
New York

Dubin: **Schnell-Interpretation des EKG.** 2. Auflage. 1977. DM 38,–

Ehrlich/Ehrlich/Holdren: **Humanökologie.** 1975. (HT 168). DM 24,80

Greither: **Dermatologie und Venerologie.** 3. Auflage. 1978. (HT 113). DM 16,80. Basistext

Hallen: **Klinische Neurologie.** 2. Auflage. 1975. (HT 118). DM 19,80. Basistext

Heberer/Köle/Tscherne: **Chirurgie.** 1977. (HT 191*). DM 36,–. Basistext

Idelberger: **Lehrbuch der Orthopädie.** 3. Auflage. 1977. DM 48,–

Kinderheilkunde. Hrsg. von Harnack. 4. Auflage. 1977. DM 39,–

Knörr/Beller/Lauritzen: **Lehrbuch der Gynäkologie.** 1972. DM 44,–

Preisänderungen vorbehalten

HT = Heidelberger Taschenbücher

* = Begleittext zum Gegenstandskatalog

Springer-Verlag
Berlin
Heidelberg
New York

Leydhecker: **Grundriß der Augenheilkunde.** 19. Auflage. 1976. DM 48,–

Nasemann/Sauerbrey: **Lehrbuch der Hautkrankheiten und venerischen Infektionen.** 2. Auflage. 1977. DM 48,–

Piper: **Innere Medizin.** 1974. (HT 122). DM 19,80. Basistext

Poeck: **Neurologie.** 4. Auflage. 1977. DM 48,–

Schulte/Tölle: **Psychiatrie.** 4. Auflage. 1977. DM 42,–

Unfallchirurgie. Von Burri et al. 2. Auflage. 1976. (HT 145). DM 19,80. Basistext

Für den dritten Abschnitt der ärztlichen Prüfung

Bässler/Fekl/Lang: **Grundbegriffe der Ernährungslehre.** 2. Auflage. 1975. (HT 119). DM 18,80. Basistext

Curran: **Farbatlas der Histopathologie.** 3. Auflage. 1975. DM 64,–

Curran/Jones: **Farbatlas der makroskopischen Pathologie.** 1976. DM 78,–

Habermann/Löffler: **Spezielle Pharmakologie und Arzneitherapie.** 2. Auflage. 1977. (HT 166). DM 21,80. Basistext

Lehrbuch der Anaesthesiologie, Reanimation und Intensivtherapie. Hrsg. Benzer/Frey/Hügin/ Mayrhofer. 4. Auflage. 1977. DM 168,–

Mellerowicz/Meller: **Training.** 3. Auflage. 1978. (HT 111). DM 18,80

Notfallmedizin. Hrsg. Ahnefeld/ Bergmann/Burri/Dick/Halmágyi/ Rügheimer. 1976. (Klinische Anästhesiologie und Intensivtherapie, Band 10). DM 48,–

Scheurlen: **Systematische Differentialdiagnose innerer Krankheiten.** 1977. (HT 188*). DM 19,80

Examens-Fragen

zur Überprüfung und Erweiterung Ihrer Kenntnisse

Examens-Fragen Physik für Mediziner. 1975. DM 19,80

Examens-Fragen Physiologie. 1977. DM 19,80

Examens-Fragen Chemie für Mediziner. 1977. DM 16,–

Examens-Fragen Physiologische Chemie. 1976. DM 19,80

Examens-Fragen Anatomie. 1973. DM 19,80

Examens-Fragen Pathologie. 1976. DM 16,–

Examens-Fragen Biomathematik. 1975. DM 18,–

Examens-Fragen Klinische Chemie. 1977. DM 18,–

Examens-Fragen Pharmakologie und Toxikologie. 1976. DM 19,80

Examens-Fragen Innere Medizin. 1977. DM 28,–

Examens-Fragen Kinderheilkunde. 1978. DM 18,–

Examens-Fragen Dermatologie. 1975. DM 12,–

Examens-Fragen Chirurgie. In Vorbereitung

Examens-Fragen Neurologie. 1973. DM 14,–

Examens-Fragen Psychiatrie. 1974. DM 14,–

Examens-Fragen Arbeitsmedizin. 1973. DM 14,–

Examens-Fragen Rechtsmedizin. 1976. DM 18,–

Examens-Fragen Anaesthesiologie-Reanimation-Intensivbehandlung. 1974. DM 14,–